T0208461

essentials

essentials liefern aktuelles Wissen in konzentrierter Form. Die Essenz dessen, worauf es als „State-of-the-Art" in der gegenwärtigen Fachdiskussion oder in der Praxis ankommt. *essentials* informieren schnell, unkompliziert und verständlich

- als Einführung in ein aktuelles Thema aus Ihrem Fachgebiet
- als Einstieg in ein für Sie noch unbekanntes Themenfeld
- als Einblick, um zum Thema mitreden zu können

Die Bücher in elektronischer und gedruckter Form bringen das Expertenwissen von Springer-Fachautoren kompakt zur Darstellung. Sie sind besonders für die Nutzung als eBook auf Tablet-PCs, eBook-Readern und Smartphones geeignet. *essentials:* Wissensbausteine aus den Wirtschafts-, Sozial- und Geisteswissenschaften, aus Technik und Naturwissenschaften sowie aus Medizin, Psychologie und Gesundheitsberufen. Von renommierten Autoren aller Springer-Verlagsmarken.

Weitere Bände in dieser Reihe http://www.springer.com/series/13088

Thomas Bindel · Dieter Hofmann

R&I-Fließschema

Übergang von DIN 19227
zu DIN EN 62424

Springer Vieweg

Thomas Bindel
Hochschule für Technik und Wirtschaft Dresden
Dresden, Deutschland

Dieter Hofmann
TU Dresden
Dresden, Deutschland

Autoren und Verlag haben alle Programme, Verfahren, Schaltungen, Texte und Abbildungen in diesem Buch mit großer Sorgfalt erarbeitet. Dennoch können Fehler nicht ausgeschlossen werden. Eine Haftung der Autoren oder des Verlags, gleich aus welchem Rechtsgrund, ist ausgeschlossen.

ISSN 2197-6708   ISSN 2197-6716   (electronic)
essentials
ISBN 978-3-658-15558-2   ISBN 978-3-658-15559-9   (eBook)
DOI 10.1007/978-3-658-15559-9

Die Deutsche Nationalbibliothek verzeichnet diese Publikation in der Deutschen Nationalbibliografie; detaillierte bibliografische Daten sind im Internet über http://dnb.d-nb.de abrufbar.

Springer Vieweg

© Springer Fachmedien Wiesbaden 2016
Das Werk einschließlich aller seiner Teile ist urheberrechtlich geschützt. Jede Verwertung, die nicht ausdrücklich vom Urheberrechtsgesetz zugelassen ist, bedarf der vorherigen Zustimmung des Verlags. Das gilt insbesondere für Vervielfältigungen, Bearbeitungen, Übersetzungen, Mikroverfilmungen und die Einspeicherung und Verarbeitung in elektronischen Systemen.
Die Wiedergabe von Gebrauchsnamen, Handelsnamen, Warenbezeichnungen usw. in diesem Werk berechtigt auch ohne besondere Kennzeichnung nicht zu der Annahme, dass solche Namen im Sinne der Warenzeichen- und Markenschutz-Gesetzgebung als frei zu betrachten wären und daher von jedermann benutzt werden dürften.
Der Verlag, die Autoren und die Herausgeber gehen davon aus, dass die Angaben und Informationen in diesem Werk zum Zeitpunkt der Veröffentlichung vollständig und korrekt sind. Weder der Verlag noch die Autoren oder die Herausgeber übernehmen, ausdrücklich oder implizit, Gewähr für den Inhalt des Werkes, etwaige Fehler oder Äußerungen.

Gedruckt auf säurefreiem und chlorfrei gebleichtem Papier

Springer Vieweg ist Teil von Springer Nature
Die eingetragene Gesellschaft ist Springer Fachmedien Wiesbaden GmbH
Die Anschrift der Gesellschaft ist: Abraham-Lincoln-Str. 46, 65189 Wiesbaden, Germany

Was Sie in diesem *essential* finden können

- Einführung in das Basisdenken zur Projektierung von Automatisierungsanlagen in der Prozessautomatisierung
- Bedeutung, Aufbau und Anwendung des Verfahrensfließschemas nach DIN EN 10628 einschließlich Beispielen
- Bedeutung, Aufbau und Anwendung des R&I-Fließschemas nach DIN 19227, Teil 1 bzw. des R&I-Fließbildes nach DIN EN 62424 einschließlich Beispielen
- Anschauliche Darstellung des Übergangs von der bisher gültigen Norm DIN 19227, Teil 1 bzw. des R&I-Fließbildes nach DIN EN 62424 einschließlich vergleichender Beispiele

Vorwort

Das Fachgebiet der Prozessautomatisierung umfasst zahlreiche komplexe sowie anspruchsvolle und vielschichtige Inhalte, deren Bearbeitung im Rahmen eines Automatisierungsprojektes hohe Anforderungen an die ausführenden Projektanten stellt.

Mit vorliegenden Essential stellen die Autoren daher eine effiziente und anschauliche Basis für die Erarbeitung des R&I-Fließschemas als wichtiger Projektierungsunterlage bei der Projektierung von Automatisierungsanlagen bereit. Es soll insbesondere Studierende einschlägiger Studienrichtungen an Fachhochschulen und Technischen Universitäten aber auch in der Praxis tätige Projektanten wirkungsvoll unterstützen. Dem Charakter eines Essentials folgend, haben sich die Autoren bemüht, die wesentlichen Inhalte kompakt und zugleich streng fachspezifisch darzustellen, wobei insbesondere die Unterschiede zwischen DIN19227, Teil 1 (gültig bis Juli 2012) und DIN EN 62424 herausgearbeitet werden.

Für weiterführende Betrachtungen zur Prozessautomatisierung und damit auch zur Projektierung von Automatisierungsanlagen empfehlen die Autoren, auch auf [1] zurückzugreifen (gleichfalls im Springer Vieweg Verlag erschienen).

Wird aus DIN-Normen zitiert, so erfolgt die Wiedergabe mit Erlaubnis des DIN Deutsches Institut für Normung e. V. Maßgebend für das Anwenden der DIN-Norm ist deren Fassung mit dem neuesten Ausgabedatum, die bei der Beuth Verlag GmbH, Burggrafenstraße 6, 10787 Berlin, erhältlich ist.

Die Autoren danken allen Kolleginnen und Kollegen sowie Studierenden, die das Zustandekommen des vorliegenden Essentials durch zahlreiche Diskussionen und wertvolle Hinweise tatkräftig unterstützt haben. Unser besonderer Dank gilt dem Springer Vieweg Verlag für die stets konstruktive Zusammenarbeit.

Leipzig, Deutschland
Dresden, Deutschland
im Mai 2016

Thomas Bindel
Dieter Hofmann

Inhaltsverzeichnis

Autoren

Prof. Dr.-Ing. Thomas Bindel lehrt Automatisierungstechnik an der Fakultät Elektrotechnik der Hochschule für Technik und Wirtschaft Dresden.

Priv.-Doz. Dr.-Ing. Dieter Hofmann lehrte und lehrt Prozessautomatisierung an der TU Dresden sowie an der Staatlichen Studienakademie Bautzen.

Einführung 1

1.1 Allgemeiner Ablauf von Automatisierungs- projekten in der Prozessautomatisierung

In der Prozessautomatisierung ist ein im Wesentlichen aus drei nacheinander abzuarbeitenden Phasen bestehender Projektablauf zu erkennen:

- Akquisitionsphase (Abb. 1.1),
- Abwicklungsphase (Abb. 1.2) und
- Servicephase (Abb. 1.3).

In der Akquisitionsphase soll sich die Projektierungsfirma (Anbieter) beim Kunden[1] darum bemühen, den Zuschlag für den Auftrag zu erhalten. Abb. 1.1 veranschaulicht diesen Sachverhalt und zeigt, wie Projektierungsingenieure in die Projektakquisition eingebunden sind.

Die Abwicklungsphase (Abb. 1.2) erfordert das exakte Zusammenspiel zwischen den für Vertrieb sowie Abwicklung verantwortlichen Bearbeitern (z. B. Vertriebsingenieure, Projektierungsingenieure, Kaufleute des Anbieters) und die erfolgreiche Lösung zugeordneter Aufgaben. Fertigung, Factory-Acceptance-Test (Werksabnahme), Montage und Inbetriebsetzung sowie Site-Acceptance-Test (Probebetrieb/Abnahme) werden während der Abwicklungsphase in der Umsetzung (vgl. Abb. 1.2) durchlaufen.

---

[1]In der Akquisitionsphase werden die beteiligten Partner Kunde (potentieller Auftraggeber) bzw. Anbieter (potentieller Auftragnehmer) genannt, die nach Auftragsvergabe zu Auftraggeber bzw. Auftragnehmer werden.

© Springer Fachmedien Wiesbaden 2016
T. Bindel und D. Hofmann, *R&I-Fließschema*, essentials,
DOI 10.1007/978-3-658-15559-9_1

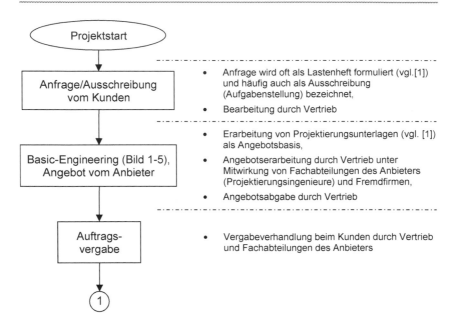

Abb. 1.1 Akquisitionsphase

Abb. 1.1 bzw. Abb. 1.2 zeigen also, dass sich wesentliche Projektierungsleistungen jeweils auf Akquisitions- bzw. Abwicklungsphase verteilen. Das erscheint zunächst ungewöhnlich, erklärt sich aber aus der Tatsache, dass ein bestimmter Teil der Projektierungsleistungen bereits in der Akquisitionsphase zu erbringen ist. Wesentliche Grundlage ist dabei das R&I-Fließschema (vgl. Kap. 3), das entweder vom Kunden bereits vorgegeben ist oder anhand des Verfahrensfließschemas (vgl. Kap. 2) vom Anbieter, d. h. von den Projektierungsingenieuren, zu erarbeiten ist. Aus dem R&I-Fließschema lassen sich gleichzeitig die erforderlichen Automatisierungsstrukturen (z. B. Ablauf- oder Verknüpfungssteuerung, einschleifiger Regelkreis, Kaskaden-, Split-Range-, Mehrgrößenregelung etc.) ableiten und in allgemeinen Funktionsplänen[2] dokumentieren.

---

[2]Oft auch als Regelschema bezeichnet und nicht zu verwechseln mit der zur Konfiguration und Parametrierung von speicherprogrammierbaren Steuerungen (SPS) häufig verwendeten Fachsprache „Funktionsplan (FUP)" (vgl. z. B. [1])!

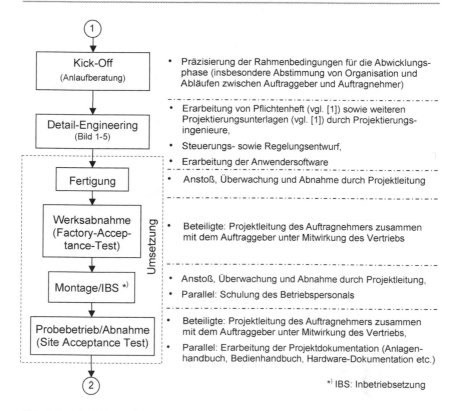

Abb. 1.2 Abwicklungsphase

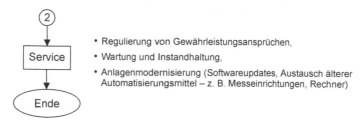

Abb. 1.3 Servicephase

Schließlich werden in der Servicephase (Abb. 1.3) die zum erfolgreichen Dauerbetrieb wesentlichen Wartungs- und Instandhaltungsleistungen für die errichtete Automatisierungsanlage definiert und erbracht.

Zusammenfassend ist festzustellen, dass der Ablauf eines Automatisierungsprojekts umfangreiche Aktivitäten zu Akquisition, sich anschließender Abwicklung sowie Service umfasst. Der Auftragnehmer wird folglich mit einer komplexen Planungs- und Koordinierungsaufgabe konfrontiert (Abb. 1.4), die er sowohl funktionell als auch ökonomisch erfolgreich lösen muss.

Aus den bisherigen Erläuterungen ist erkennbar, dass unter dem Begriff „Projektierung" die Gesamtheit aller Entwurfs-, Planungs- und Koordinierungsmaßnahmen zu verstehen ist, mit denen die Umsetzung eines Automatisierungsprojekts vorbereitet wird (vgl. Abb. 1.2). Dies umfasst alle diesbezüglichen Ingenieurtätigkeiten (vgl. Abb. 1.5) für die hier betrachtete Prozessautomatisierung.

Die weiteren Ausführungen beziehen sich vorrangig auf das in Akquisitions-bzw. Abwicklungsphase zu erbringende Basic- bzw. Detail-Engineering (vgl. [1]), weil darin Hauptbetätigungsfelder für Projektierungsingenieure liegen. Wie Abb. 1.1 und 1.2 zeigen, bilden Basic- sowie Detail-Engineering den Kern des Projektierungsablaufs und werden deshalb unter dem Begriff „Kernprojektierung" zusammengefasst. Abb. 1.5 zeigt den Kernprojektierungsumfang und nennt gleichzeitig diejenigen Ingenieurtätigkeiten, welche der Projektierungsingenieur bei der Kernprojektierung ausführt. Vornan steht dabei die Erarbeitung des R&I-Fließschemas (vgl. Abb. 1.5)

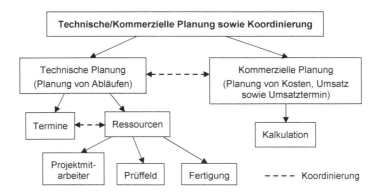

Abb. 1.4 Technische/kommerzielle Planung sowie Koordinierung

```
┌─────────────────────────────────────────────────────────────────────┐
│                           Kernprojektierung                           │
│                                                                       │
│  Basic-Engineering (vgl. [1])          Detail-Engineering (vgl. [1])  │
│  • Erarbeitung R&I-Fließschema,        • Erarbeitung des Pflichtenheftes, │
│  • Auswahl und Dimensionierung von     • Erarbeitung von EMSR-Stellen- │
│    Sensorik, Aktorik, Prozessorik, Bussy-  plänen und weiteren         │
│    stemen sowie Bedien- und Beobach-     Projektierungsunterlagen als  │
│    tungseinrichtungen,                   Basis der Anlagenerrichtung,  │
│  • Erarbeitung des leittechnischen     • Steuerungs- sowie Regelungs-  │
│    Mengengerüsts,                        entwurf,                      │
│  • Erarbeitung von                     • Erarbeitung der              │
│    Projektierungsunterlagen als          Anwendersoftware             │
│    Angebotsbasis,                                                      │
│  • Angebotserarbeitung einschließlich                                 │
│    technischer bzw. kommerzieller                                     │
│    Planung sowie Koordinierung                                        │
│                                                                       │
│                     Kernprojektierungsumfang                          │
└─────────────────────────────────────────────────────────────────────┘
```

Abb. 1.5   Kernprojektierungsumfang mit zugeordneten Ingenieurtätigkeiten

Überlegungen zum Entwurf von Prozesssicherungsstrukturen beeinflussen sowie erweitern die Tätigkeiten der Kernprojektierung und sind an verschiedenen Stellen innerhalb des Basic- sowie Detailengineerings anzustellen. Hinsichtlich Prozesssicherung wird – da nicht Gegenstand des vorliegenden Essentials – auf z. B. [1] verwiesen.

1.2   Allgemeiner Aufbau einer Automatisierungsanlage

Das R&I-Fließschema kann nicht losgelöst vom allgemeinen Aufbau einer Automatisierungsanlage betrachtet werden. Daher sind einführende Erläuterungen unerlässlich – bezüglich detaillierter Erläuterungen wird auf [1] verwiesen.

Prinzipiell sind Automatisierungsanlagen nach dem Ebenenmodell (Abb. 1.6) aufgebaut, das sich in den vergangenen Jahrzehnten als allgemeiner Standard für den Aufbau von Automatisierungsanlagen herausgebildet hat. Dies macht einerseits das Gebiet „Prozessleittechnik" (vgl. Abb. 1.6) überschaubarer und trägt andererseits dazu bei, Tätigkeiten der Instrumentierung[3] effizienter zu gestalten.

---

[3]Zur Definition des Begriffs „Instrumentierung" vgl. [1]!

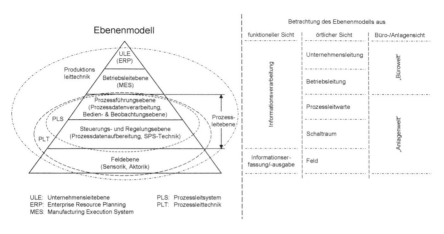

Abb. 1.6   Ebenenmodell für den Aufbau von Automatisierungsanlagen

Aus dem Ebenmodell lassen sich die im Abb. 1.7 dargestellten allgemeinen Aufbauvarianten ableiten, die für Automatisierungsanlagen der Prozessautomatisierung typisch sind.

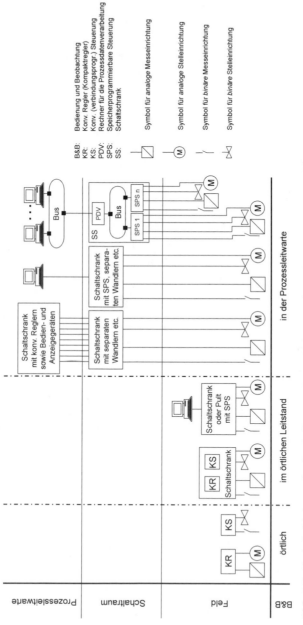

Abb. 1.7 Typische Varianten für den Aufbau von Automatisierungsanlagen in der Prozessautomatisierung

Einordnung und allgemeiner Inhalt von Grund-, Verfahrensfließ- sowie Rohrleitungs- und Instrumentenfließschema

2

2.1 Einordnung

Grundfließ-, Verfahrensfließ- sowie Rohrleitungs- und Instrumentenfließschema (R&I-Fließschema)[1] dienen allgemein „der Verständigung der an der Entwicklung, Planung, Montage und dem Betreiben derartiger Anlagen beteiligten Stellen über die Anlage selbst oder über das darin durchgeführte Verfahren" (vgl. [3], Teil 1]. Sie bilden daher die Verständigungsgrundlage für alle Personen, die mit der Anlage bei Planung, Errichtung oder Betrieb zu tun haben.

Ausgehend vom im Abschn 1.1 erläuterten Projektablauf sowie Kernprojektierungsumfang (Abb. 1.5) hat sich in der Projektierungspraxis als Orientierung die im Abb. 2.1 dargestellte Einordnung der Kernprojektierung in den Projektablauf bewährt. Diese Einordnung setzt voraus, dass als erstes die Projektanforderungen in einem sogenannten Lastenheft (vgl. [1, 2]), in der Projektierungspraxis auch als Ausschreibung bekannt, zusammengestellt wurden, wobei im Allgemeinen gleichzeitig das Verfahrensfließschema vom Kunden mit übergeben wird (vgl. Abb. 2.1).

Das zunächst betrachtete Verfahrensfließschema wiederum bildet die Basis für das anschließend im Kap. 2 zu behandelnde R&I-Fließschema, welches dem Kunden zusammen mit der Kalkulation als Bestandteil des Angebotes übergeben wird.[2]

---

[1]DIN EN ISO 10628 [3] unterscheidet neben Verfahrensfließ- sowie R&I-Fließschema [Rohrleitungs- und Instrumentenfließschema] noch das Grundfließschema, das für die Kernprojektierung jedoch von eher untergeordneter Bedeutung ist. Für Beispiele zum Grundfließschema wird auf DIN EN ISO 10628 verwiesen.

[2]Weitere Ingenieurtätigkeiten von Basic-Engineering (z. B. Erarbeitung des leittechnischen Mengengerüsts sowie von Projektierungsunterlagen und Angebot), Detail-Engineering, Projektierung der Hilfsenergieversorgung sowie Montageprojektierung werden ausführlich in [1] erläutert.

© Springer Fachmedien Wiesbaden 2016
T. Bindel und D. Hofmann, *R&I-Fließschema, essentials,*
DOI 10.1007/978-3-658-15559-9_2

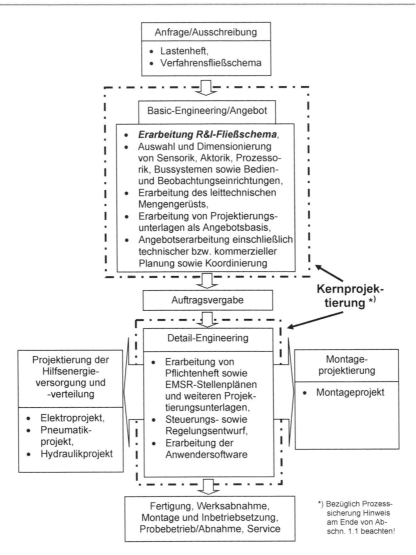

Abb. 2.1 Einordnung der Kernprojektierung mit zugeordneten *wesentlichen* Ingenieurtätigkeiten in den Projektablauf

2.2   Allgemeiner Inhalt

In Tab. 2.1 werden – basierend auf Kriterien nach [3] – die Informationsinhalte von Grundfließ-, Verfahrensfließ sowie R&I-Fließschema einander gegenüberge-stellt. Diese Tabelle ist somit wie eine Kriterienliste zu verstehen, anhand derer entschieden werden kann, welche Art von Fließschema abhängig vom Informa-tionsbedürfnis derjenigen Personen, die das jeweilige Fließschema als Arbeits-grundlage verwenden wollen, geeignet ist. Beispielsweise haben potentielle Investoren, welche die Investitionsmittel zur Errichtung einer neuen Produkti-onsanlage bereitstellen sollen, eine mehr betriebswirtschaftlich orientierte Anla-gensicht und damit ein anderes Informationsbedürfnis als die späteren Betreiber dieser Anlage, die den Informationsgehalt des Grund- oder Verfahrensfließsche-mas als keineswegs ausreichend empfinden dürften.

Weiterhin ist aus Tab. 2.1 ersichtlich, dass der Informationsgehalt – begin-nend beim Grund- über das Verfahrensfließschema bis hin zum R&I-Fließschema – wächst und beim R&I-Fließschema am größten ist. Bezüglich des Kriteriums „Aufgabenstellung für Messen/Steuern/Regeln" wurde das „x" in der Spalte „Verfahrensfließschema" in Klammern gesetzt, weil die Aufgabenstellung für Messen/Steuern/Regeln zwar aus dem Verfahrensfließschema ableitbar, jedoch im Allgemeinen noch nicht darin dargestellt wird. Das geschieht erst, wenn das Verfahrensfließschema durch Ergänzung mit sogenannten EMSR-Stellen (Elek-tro-, Mess-, Steuer- und Regelstellen) zum R&I-Fließschema ergänzt wird (vgl. Kap. 3). Bezüglich der Kriterien „Werkstoffe von Apparaturen,..", „Bezeichnung von Nennweite,.." sowie „Angaben zur Dämmung,.." halten es die Autoren für sinnvoll, dass diese Angaben auch schon im Verfahrensfließschema angegeben werden können. Daher wurde auch hier das „x" in der Spalte „Verfahrensfließ-schema" in Klammern gesetzt.

Das im Folgenden zu betrachtende Verfahrensfließschema dokumentiert die erforderliche Prozesstechnologie einer Produktionsanlage, welche zum Beispiel durch Behälter, Pumpen, Kolonnen, Armaturen etc. realisiert wird, die mittels normgerechter grafischer Symbole nach DIN EN ISO 10628 [3] dargestellt wer-den. Wie bereits im Abschn 1.1 erläutert, soll es vom Kunden als Bestandteil der Ausschreibung mit übergeben werden.[3] Abb. 2.2 zeigt ein Verfahrensfließschema, das an Hand eines Reaktors mit Temperaturregelstrecke als Beispiel für einen überschaubaren verfahrenstechnischen Prozess dient.

---

[3]Häufig wird diese Aufgabe auch vom Kunden an Unternehmen (z. B. Ingenieurbüros) übertragen, die in seinem Auftrag Ausschreibung, Vergabe, Projektplanung, -steuerung und überwachung übernehmen.

Tab. 2.1 Vergleich der Informationsinhalte von Grundfließ-, Verfahrensfließ- sowie R&I-Fließschema (Vergleichskriterien nach DIN EN ISO 10628)

Information	Grundfließschema	Verfahrensfließschema	R&I-Fließschema
Benennung der Ein- und Ausgangsstoffe	x		
Durchflüsse bzw. Mengen der Ein- und Ausgangs-stoffe/ Hauptstoffe	x	x	
Benennung von Energien/ Energieträgern	x	x	
Durchflüsse/Mengen von Energien/Energieträgern	x	x	x
Fließweg und -richtung von Energien/Energieträgern	x	x	x
Fließweg und Fließrichtung der Hauptstoffe	x		
Art der Apparate und Maschinen		x (außer Antriebe)	x
Bezeichnung der Apparate und Maschinen		x (außer Antriebe)	x
Charakteristische Betriebs-bedingungen	x	x	
Kennzeichnende Größen von Apparaten und Maschi-nen		x	x
Kennzeichnende Daten von Antriebsmaschinen		x	x
Anordnung wesentlicher Armaturen		x	x
Bezeichnung von Arma-turen			x
Höhenlage wesentlicher Apparate/ Maschinen		x	x
Werkstoffe von Apparaten und Maschinen		(x)	x

(Fortsetzung)

Tab. 2.1 (Fortsetzung)

Information	Grundfließschema	Verfahrensfließschema	R&I-Fließschema
Bezeichnung von Nenn-weite, Druckstufe, Werk-stoff und Ausführung der Rohrleitungen		(x)	x
Angaben zur Dämmung von Apparaten, Maschi-nen, Rohrleitungen und Armaturen		(x)	x
Aufgabenstellung für Messen/ Steu-ern/Regeln		(x)	x
Art wichtiger Geräte für Messen, Steuern, Regeln			x

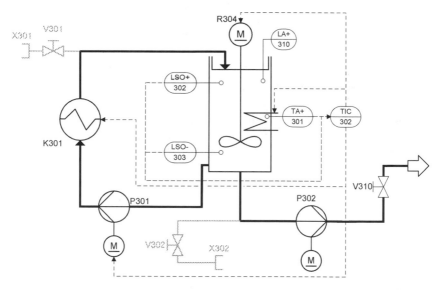

Abb. 2.2 Beispiel eines Verfahrensfließschemas. (Im Allgemeinen enthält ein Verfahrens-fließschema keine EMSR-Stellen. Wie bereits ausgeführt, sind jedoch nach Tab. 2.1 Aus-nahmen möglich. Man beschränkt sich in diesen Fällen auf die Darstellung der *wichtigsten* EMSR-Stellen [wie z. B. im Abb. 2.2])

Wie gleichfalls bereits erläutert, wird mit dem Verfahrensfließschema die zu realisierende Verfahrenstechnologie dokumentiert, wobei bereits in diesem Schema die wichtigsten EMSR-Stellen als Vorgabe für die zu projektierende Automatisierungsanlage eingetragen werden können. Aus dem im Abb. 2.2 dargestellten Verfahrensfließschema sind deshalb für die Automatisierungsanlage folgende allgemeine Anforderungen, die anschließend im Lastenheft niederzulegen sind, abzuleiten:

- Über ein Heizmodul ist in Verbindung mit einem Widerstandsthermometer sowie einem Rührer die Temperatur im Behälter zu regeln. Der Rührer soll für die gleichmäßige Durchmischung der Flüssigkeit im Behälter sorgen.
- Als Anforderung für den zu projektierenden Temperaturregelkreis zeigt die schon als Vorgabe in das Verfahrensfließschema eingetragene EMSR-Stelle TIC 302 eine Split-Range-Struktur.
- Der Füllstand soll mittels binärer Grenzwertsensoren überwacht werden, um auf diese Weise den Trockenlaufschutz – sowohl für Kreiselpumpe P 301 des Kühlkreislaufes als auch für Kreiselpumpe P 302 – zum Abtransport der Flüssigkeit aus dem Behälter zu realisieren. Gleichzeitig sollen diese Sensoren das Überhitzen der Heizung durch Einschalten bei leerem Behälter verhindern. Auch dafür sind bereits entsprechende EMSR-Stellen im Verfahrensfließschema enthalten.
- Schließlich ist mittels der Ventile V301 bzw. V302 (im Abb. 2.1 grau dargestellt) die Kopplung zu den benachbarten Anlagengruppen zu realisieren.

Um die im Abb. 2.2 verwendete Symbolik besser verstehen und anwenden zu können, wird nun im Folgenden darauf näher eingegangen. Ergänzend zu DIN EN ISO 10628 [3] ist dabei DIN 2429 [4] zu beachten. Damit wird beispielsweise ermöglicht, bereits im Verfahrensfließschema den Stellantrieb einer Absperrarmatur (z. B. Ventil)[4] zu spezifizieren (z. B. als Membranstellantrieb) und mit einem entsprechenden Symbol im Verfahrensfließschema darzustellen (Abb. 2.3).

---

[4]Stelleinrichtungen (Aktorik) bestehen aus Stellern (z. B. Stellungsregler an Ventilstellgeräten), Stellantrieben (z. B. Membranstellantriebe) und Stellgliedern (z. B. Absperrarmaturen, die als Ventile ausgeführt sind). Die Kombination aus Stellantrieb (nur bei mechanisch betätigten Stellgliedern erforderlich) und Stellglied wird Stellgerät genannt.

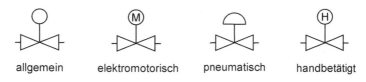

allgemein   elektromotorisch   pneumatisch   handbetätigt

Abb. 2.3 Spezifizierung von Stellantrieben für Absperrarmaturen nach DIN 2429 [4]

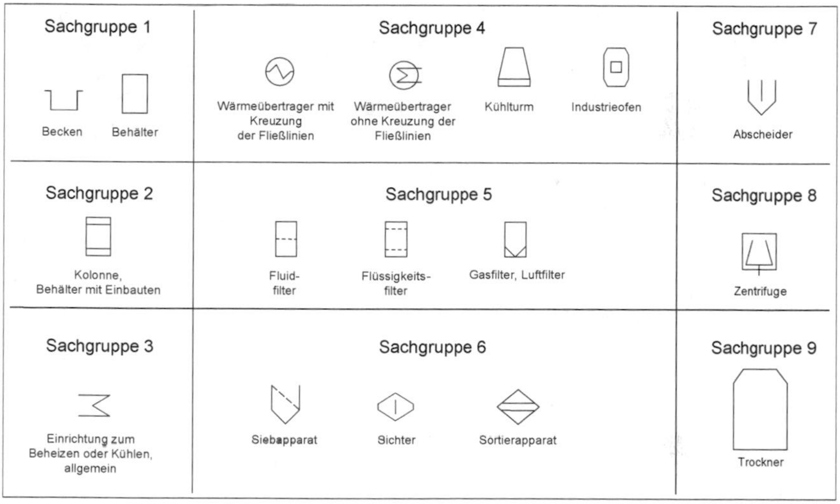

Sachgruppe 1	Sachgruppe 4				Sachgruppe 7
Becken Behälter	Wärmeübertrager mit Kreuzung der Fließlinien	Wärmeübertrager ohne Kreuzung der Fließlinien	Kühlturm	Industrieofen	Abscheider
Sachgruppe 2	**Sachgruppe 5**				**Sachgruppe 8**
Kolonne, Behälter mit Einbauten	Fluid-filter	Flüssigkeits-filter	Gasfilter, Luftfilter		Zentrifuge
Sachgruppe 3	**Sachgruppe 6**				**Sachgruppe 9**
Einrichtung zum Beheizen oder Kühlen, allgemein	Siebapparat	Sichter	Sortierapparat		Trockner

Abb. 2.4 Ausgewählte Symbole für Verfahrensfließ- sowie R&I-Fließschemata nach DIN EN ISO 10628 (Sachgruppe 1-9)

Eine Auswahl häufig in Verfahrensfließschemata und damit gleichzeitig auch in R&I-Fließschemata verwendeter Symbole ist in Abb. 2.4, 2.5, 2.6 und 2.7 dargestellt.

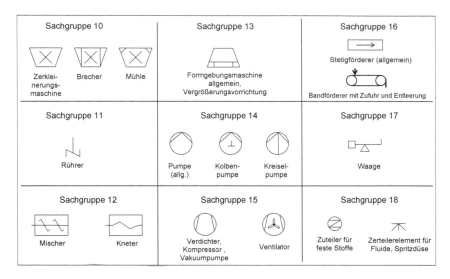

Abb. 2.5 Ausgewählte Symbole für Verfahrensfließ- sowie R&I-Fließschemata nach DIN EN ISO 10628 (Sachgruppe 10-18)

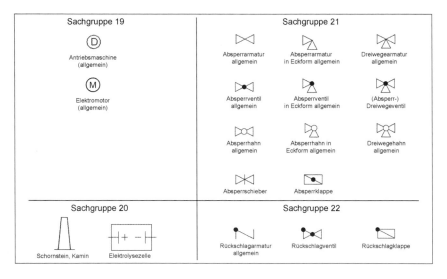

Abb. 2.6 Ausgewählte Symbole für Verfahrensfließ- sowie R&I-Fließschemata nach DIN EN ISO 10628 (Sachgruppe 19-22)

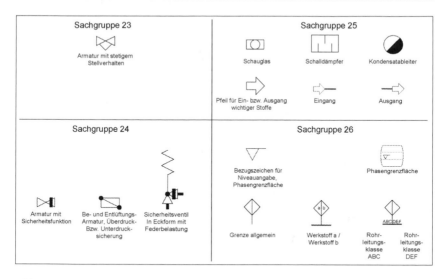

Abb. 2.7 Ausgewählte Symbole für Verfahrensfließ- sowie R&I-Fließschemata nach DIN EN ISO 10628 (Sachgruppe 23-26)

Außerdem werden im Verfahrensfließ- und daher auch im R&I-Fließschema Apparate, Maschinen und Geräte sowie Armaturen häufig mit Kennbuchstaben gemäß DIN 28004 (Teil 4) [5] versehen, die in Tab. 2.2 bzw. Tab. 2.3 aufgeführt sind.

Tab. 2.2 Kennbuchstaben für Maschinen, Apparate und Geräte nach DIN 28004

Kennbuchstabe	Bedeutung
A	Apparat, Maschine (soweit in nachstehenden Gruppen nicht einzuordnen)
B	Behälter, Tank, Silo, Bunker
C	Chemischer Reaktor
D	Dampferzeuger, Gasgenerator, Ofen
F	Filterapparat, Flüssigkeitsfilter, Gasfilter, Siebapparat, Siebmaschine, Abscheider
G	Getriebe
H	Hebe-, Förder-, Transporteinrichtung
K	Kolonne
M	Elektromotor
P	Pumpe
R	Rührwerk, Rührbehälter mit Rührer, Mischer, Kneter
S	Schleudermaschine, Zentrifuge
T	Trockner
V	Verdichter, Vakuumpumpe, Ventilator
W	Wärmeaustauscher
X	Zuteil-, Zerteileinrichtung, sonstige Geräte
Y	Antriebsmaschine außer Elektromotor
Z	Zerkleinerungsmaschine

Tab. 2.3 Kennbuchstaben für Armaturen nach DIN 28004

Kennbuchstabe	Bedeutung
A	Ableiter (Kondensatableiter)
F	Filter, Sieb, Schmutzfänger
G	Schauglas
H	Hahn
K	Klappe
R	Rückschlagarmatur
S	Schieber
V	Ventil
X	Sonstige Armatur
Y	Armatur mit Sicherheitsfunktion

Aufbau des R&I-Fließschemas nach DIN 19227 bzw. DIN EN 62424

3

3.1 Überblick

Wie im Abschn. 2.1 bereits erläutert, dienen Grundfließ-, Verfahrensfließ- sowie R&I-Fließschema (Rohrleitungs- und Instrumentenfließschema) allgemein „der Verständigung der an der Entwicklung, Planung, Montage und dem Betreiben derartiger Anlagen beteiligten Stellen über die Anlage selbst oder über das darin durchgeführte Verfahren" (vgl. [3], Teil 1]. Sie bilden daher die Verständigungsgrundlage für alle Personen, die mit der Anlage bei Planung, Errichtung oder Betrieb zu tun haben.

Ausgehend vom im Abschn. 1.1 bereits erläuterten Projektablauf sowie Kernprojektierungsumfang (Abb. 1.5) wird vorausgesetzt, dass als erstes die Projektanforderungen in einem sogenannten Lastenheft (vgl. [1], [2]), in der Projektierungspraxis auch als Ausschreibung bekannt, zusammengestellt wurden, wobei im Allgemeinen gleichzeitig das nach DIN EN ISO 10628 [3] erarbeitete Verfahrensfließschema vom Kunden mit übergeben wird (vgl. Abb. 2.1). Das ebenfalls bereits im Kap. 2 betrachtete Verfahrensfließschema wiederum bildet die Basis für das nun zu behandelnde R&I-Fließschema[1], welches eines der wichtigsten Engineeringdokumente des Automatisierungsprojekts ist und dem Kunden zusammen mit der Kalkulation als Bestandteil des Angebotes übergeben wird (vgl. Abschn. 2.1).

Das R&I-Fließschema (Beispiel vgl. Abb. 3.1) beinhaltet das Verfahrensfließschema, erweitert um die für die Automatisierung erforderlichen Symbole, mit denen die Aufgaben der Prozessleittechnik dargestellt werden. Darüberhinaus enthält es, wie in Tab. 2.1 bereits dargestellt, häufig auch Angaben zu relevanten verfahrenstechnischen Kenngrößen wie Maximaldrücken, Behältervolumina, Rohrleitungsnennweiten und weiteren Kenngrößen (z. B. Höhenniveaus).

---

[1]Zum Informationsgehalt des R&I-Fließschemas siehe Tab. 2.1!

© Springer Fachmedien Wiesbaden 2016
T. Bindel und D. Hofmann, *R&I-Fließschema, essentials*,
DOI 10.1007/978-3-658-15559-9_3

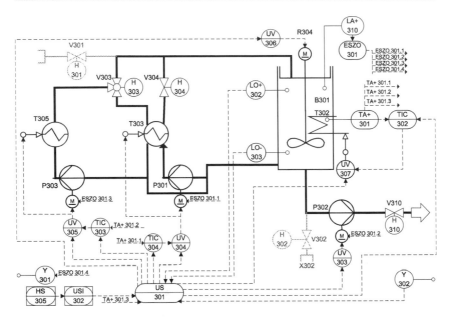

Abb. 3.1   Beispiel eines R&I-Fließschemas nach DIN 19227

Bis Juli 2012 wurde das R&I-Fließschema nach DIN 19227, Teil 1 [6] erarbeitet. Anschließend wurde diese Norm außer Kraft gesetzt und durch DIN EN 62424 [7] ersetzt, um die Voraussetzungen für einen konsistenten Datenaustausch zwischen R&I-Fließschemata mit PCE[2]-Datenbanken, in denen die instrumentierungstechnische Auslegung gespeichert ist, zu schaffen. Das Hauptanliegen von DIN EN 62424 besteht deshalb darin festzulegen, „…wie Aufgaben der Prozessleittechnik in einem R&I-Fließbild für einen automatischen Datenaustausch zwischen R&I- und PCE-Werkzeug darzustellen sind…" [7]. Dies führt dazu, dass im Unterschied zu DIN 19227, Teil 1 im R&I-Fließschema nur noch die PCE-Funktionalität, aber nicht mehr die PCE-Ausführung[3] dargestellt wird, sondern letztere nur in PCE-Datenbanken gespeichert werden soll, was eben diese getrennte Speicherung der Informationen an verschiedenen Orten (R&I-Fließschema für PCE-Funktionalität einerseits sowie PCE-Datenbank für PCE-Ausführung andererseits) bedingt.

---

[2]PCE: Process Control Engineering (englischer Begriff für „Instrumentierungstechnische Auslegung" [7]).

[3]PCE-Ausführung: Technische Realisierung von Aufgaben der Prozessleittechnik (zur Orientierung vgl. Abb. 3.3).

Abb. 3.2 Allgemeiner Aufbau eines EMSR-Stellensymbols nach DIN 19227 [6]

Darstellung von \ Bedienung und Beobachtung (B&B)	örtlich	im örtlichen Leitstand	in der Prozessleitwarte
EMSR-Aufgaben allg. bzw. EMSR-Aufgaben, die konventionell realisiert werden	 *	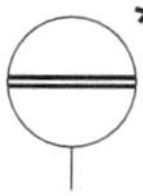 *	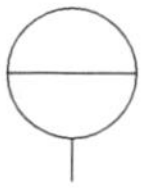 *
EMSR-Aufgaben, die mit SPS-Technik (Prozessrechner) realisiert werden	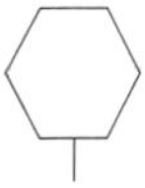	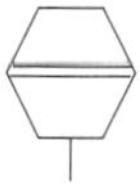	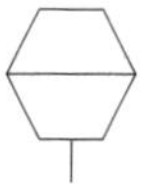 *
EMSR-Aufgaben, die mit Prozessleitsystem realisiert werden	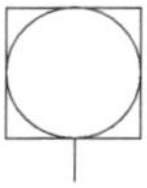	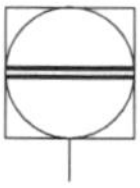	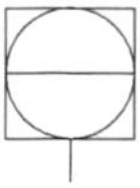 *

* in der Anlagenautomatisierung überwiegend angewendete Symbole

Abb. 3.3 Überblick häufig verwendeter EMSR-Stellensymbole nach DIN 19227 [6]

Da verfahrenstechnische Anlagen und daher auch die zu ihrer Automatisierung errichteten Automatisierungsanlagen über eineinhalb bis zwei Jahrzehnte, manchmal sogar noch länger, betrieben werden, kann man davon ausgehen, der Systematik nach DIN 19227, Teil 1 in der Praxis noch längere Zeit, d. h. weit über Juli 2012 hinaus, zu begegnen. Über einen Übergangszeitraum, der sich durchaus bis in das Jahr 2025 erstrecken könnte, werden daher Systematik nach DIN 19227, Teil 1 [6] sowie DIN EN 62424 [7] gemeinsam anzutreffen sein. Dies rechtfertigt, in vorliegendem Essential beide Systematiken zu behandeln. Gestützt wird dies auch dadurch, dass grundlegende aus DIN 19227 bekannte Prinzipien weitgehend nach DIN EN 62424 übernommen wurden – Änderungen ergeben sich hauptsächlich bei Kennbuchstaben, auf die im Abschn. 3.2 eingegangen wird. Daher ist es sinnvoll, zunächst auf die Systematik nach DIN 19227, Teil 1 einzugehen und darauf aufbauend jene nach DIN EN 62424 zu behandeln.

3.2   R&I-Fließschema nach DIN 19227

Das R&I-Fließschema (Beispiel vgl. Abb. 3.1) beinhaltet das Verfahrensfließschema, erweitert um die für die Automatisierung erforderlichen EMSR-Stellen (Elektro-, Mess-, Steuer- und Regelstellen), welche man synonym oft auch als PLT-Stellen (Prozessleittechnische Stellen) bezeichnet. Darüberhinaus enthält das R&I-Fließschema, wie in Tab. 2.1 bereits dargestellt, häufig auch Angaben zu relevanten verfahrenstechnischen Kenngrößen wie Maximaldrücken, Behältervolumina, Rohrleitungsnennweiten und weiteren Kenngrößen (z. B. Höhenniveaus).

Mit dem R&I-Fließschema erarbeitet der Projektierungsingenieur die erste verbindliche Unterlage. Bevor nun das R&I-Fließschema mit detaillierten Unterlagen untersetzt werden kann, muss zunächst die für die Kennzeichnung der im R&I-Fließschema dargestellten EMSR-Stellen benutzte Symbolik erläutert werden. Den allgemeinen Aufbau eines EMSR-Stellensymbols nach DIN 19227 [6] zeigt Abb. 3.2.

Im oberen Teil des EMSR-Stellensymbols wird die Funktionalität der EMSR-Stelle mit Kennbuchstaben dargestellt, auf die später noch eingegangen wird. Der untere Teil enthält identifizierende Bezeichnungen, wofür meist laufende Nummern entsprechend der Nomenklatur einer Projektierungsfirma verwendet werden.[4] Aus der äußeren Form des EMSR-Stellensymbols sind ebenfalls wichtige

---

[4]In diesem Zusammenhang bezeichnet man auch die Systematik der Kennzeichnung von Anlagenkomponenten und EMSR-Stellen als Anlagen- und Apparatekennzeichen (AKZ). Innerhalb einer Industrieanlage ermöglicht deshalb das AKZ die eindeutige Zuordnung von Anlagenkomponenten und EMSR-Stellen zu Teilanlagen und Anlagen. Im Bereich der Kraftwerksautomatisierung wird hierfür beispielsweise das Kraftwerkskennzeichnungssystem (KKS) benutzt.

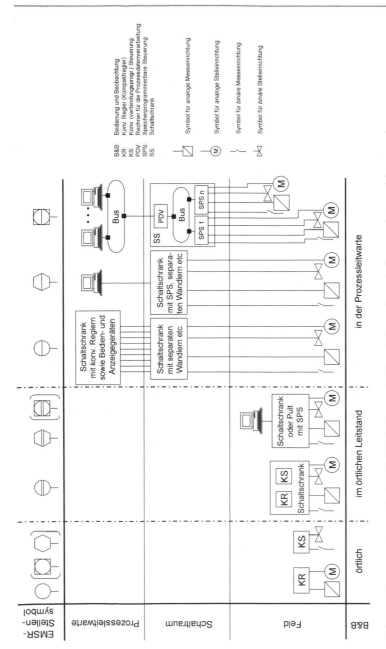

Abb. 3.5 Zusammenhang zwischen EMSR-Stellensymbolik und allgemeinem Aufbau von Automatisierungsanlagen

Informationen ableitbar. Bevor darauf näher eingegangen wird, gibt Abb. 3.3 zunächst einen Überblick zu den in der Anlagenautomatisierung häufig verwendeten EMSR-Stellensymbolen.

Zu Abb. 3.3 sind folgende Hinweise zu beachten:

1. Die EMSR-Stellensymbole für EMSR-Aufgaben, die mittels SPS-Technik (Prozessrechner) bzw. Prozessleitsystemen realisiert werden und deren Bedienung und Beobachtung im örtlichen Leitstand oder örtlich erfolgt, sind der Vollständigkeit halber mit aufgeführt. In der Anlagenautomatisierung überwiegend angewendet werden jedoch die im Abb. 3.3 mit „*" gekennzeichneten EMSR-Stellensymbole.

2. DIN 19227 wortwörtlich folgend, sollen die in der dritten Zeile dargestellten Symbole für EMSR-Aufgaben verwendet werden, die mit *Prozessrechner* realisiert werden (Abb. 3.3). Um Abb. 3.3 sowie die nachfolgenden Ausführungen konkretisieren zu können, wird anstelle des älteren Begriffs „Prozessrechner" der modernere Begriff „*SPS-Technik*" verwendet.

Für umfangreichere Kennbuchstabengruppen zur Beschreibung komplexerer Funktionalität einer EMSR-Stelle werden die im Abb. 3.3 dargestellten EMSR-Stellensymbole auch in gestreckten Formen – d. h. als Langsymbole – verwendet (Abb. 3.4).

Für die Interpretation von Abb. 3.3 ist sowohl eine zeilenweise als auch eine spaltenweise Betrachtung erforderlich. Zunächst wird Abb. 3.3 *zeilenweise* betrachtet.

Symbole zur Darstellung von EMSR-Aufgaben allgemein bzw. von EMSR-Aufgaben, die konventionell realisiert werden (zweite Zeile im Abb. 3.3), wendet man bei Instrumentierungen im Standardfall – kurz Standardinstrumentierung genannt – an. Die EMSR-Stelle besteht in diesem Fall im Allgemeinen aus Messeinrichtung, Stelleinrichtung sowie der einzig dieser Mess- sowie Stelleinrichtung zugeordneten konventionellen (d. h. nicht auf SPS-Technik basierenden) Prozessorik (z. B. in Form eines Kompaktreglers, konventionellen Anzeigers etc.; vgl. Abb. 3.5). Die Symbole für EMSR-Aufgaben, die mittels *nicht vernetzter* SPS-Technik (mit oder

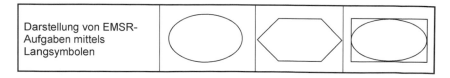

Abb. 3.4 Langsymbole zur Darstellung von EMSR-Aufgaben

ohne daran angeschlossener Bedien- und Beobachtungseinrichtung[5]) realisiert werden (dritte Zeile im Abb. 3.3), finden gleichfalls bei Standardinstrumentierungen
Anwendung, wobei die EMSR-Stelle aus Mess- bzw. Stelleinrichtung sowie als
Prozessorik der separaten SPS (ggf. auch integriert in ein Operatorpanel), besteht
(vgl. Abb. 3.5). Die Symbole für EMSR-Aufgaben, die mit Prozessleitsystemen
realisiert werden (vierte Zeile im Abb. 3.3), weisen auf den Einsatz eines Prozess-
leitsystems (bestehend aus miteinander *vernetzter* SPS-Technik sowie daran angeschlossener Bedien- und Beobachtungseinrichtung[6]) hin, das aber wie bei der
bereits erwähnten Standardinstrumentierung ebenfalls mit Mess- bzw. Stelleinrichtungen im Feld zu verbinden ist.

Betrachtet man nunmehr Abb. 3.3 *spaltenweise,* so handelt es sich bei den
EMSR-Stellensymbolen in der zweiten Spalte um EMSR-Stellen, die sich aus-
schließlich im Feld befinden und daher die Bedienung und Beobachtung (B&B)
mit örtlichen Bedien- und Beobachtungseinrichtungen zu realisieren ist. Sind die
Symbole durch zwei waagerechte Linien mittig geteilt (dritte Spalte), so erstrecken sich die EMSR-Stellen vom Feld bis zum örtlichen Leitstand (z. B. örtlicher
Maschinenleitstand einer Kraftwerksturbine). Die durch eine waagerechte Linie
mittig geteilten Symbole in der vierten Spalte weisen darauf hin, dass sich die
EMSR-Stellen – wie bei Standardinstrumentierungen üblich – vom Feld über den
Schaltraum bis in die Prozessleitwarte erstrecken und demzufolge die Bedien-
und Beobachtungseinrichtungen in der Prozessleitwarte installiert sind.

Abb. 3.5 vermittelt den Zusammenhang zwischen der in Abb. 3.2 bis Abb. 3.4
erläuterten EMSR-Stellensymbolik und dem im Abb. 1.7 bereits im Überblick
erläuterten allgemeinen Aufbau von Automatisierungsanlagen, wobei EMSR-
Stellensymbole, die bezüglich Anlagenautomatisierung nahezu keine Relevanz
haben, im Abb. 3.5 mit einer Klammer versehen und daher dort nicht bildlich
untersetzt wurden.

Schließlich ist die Funktionalität der EMSR-Stelle (z. B. separate Messstelle,
Regelkreis, oder Steuerung) festzulegen. Dafür werden Kennbuchstaben nach
DIN 19227 benutzt, die im oberen Teil des EMSR-Stellensymbols (vgl. Abb. 3.2)
einzutragen sind und nachfolgend beispielhaft erläutert werden (Abb. 3.6, 3.7, 3.8
und 3.9).

---

[5]Die Bedien- und Beobachtungseinrichtung kann in diesem Fall z. B. aus einem vor Ort,
im örtlichen Leitstand oder in der Prozessleitwarte installierten Bedien- und Beobachtungsrechner bestehen.

[6]z. B. Bedien- und Beobachtungsrechner oder Operator-Panel.

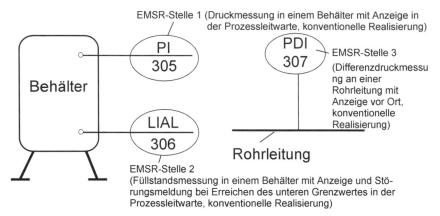

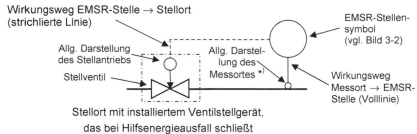

EMSR-Stelle 1 (Druckmessung in einem Behälter mit Anzeige in der Prozessleitwarte, konventionelle Realisierung)

EMSR-Stelle 3 (Differenzdruckmessung an einer Rohrleitung mit Anzeige vor Ort, konventionelle Realisierung)

EMSR-Stelle 2 (Füllstandsmessung in einem Behälter mit Anzeige und Störungsmeldung bei Erreichen des unteren Grenzwertes in der Prozessleitwarte, konventionelle Realisierung)

Legende: **P** - Druck (Erstbuchstabe), **L** - Füllstand (Erstbuchst.), **D** - Differenz (Ergänzungsbuchst.); **I** - Anzeige (1. Folgebuchst.), **A** - Alarmierung/Störungsmeldung (2. Folgebuchst.); **L** - unterer Grenzwert (3. Folgebuchst.)

Abb. 3.6 Beispiele zur Darstellung von Messstellen im R&I-Fließschema

Wirkungsweg EMSR-Stelle → Stellort (strichlierte Linie)

EMSR-Stellensymbol (vgl. Bild 3-2)

Allg. Darstellung des Stellantriebs

Stellventil

Allg. Darstellung des Messortes *)

Wirkungsweg Messort → EMSR-Stelle (Volllinie)

Stellort mit installiertem Ventilstellgerät, das bei Hilfsenergieausfall schließt

*) Alternativ kann der Kreis zur Darstellung des Messortes auch weggelassen werden.

Abb. 3.7 Darstellung der Wirkungswege zwischen EMSR-Stellensymbol und Mess- bzw. Stellort

Betrachtet wird ein Behälter bzw. Apparat (Abb. 3.6), der mit verschiedenen EMSR-Stellen ausgerüstet ist, d. h. es wurden als typische Messstellen für verfahrenstechnische Prozesse Druckmessungen und eine Füllstandsmessung projektiert, wobei von konventioneller Realisierung der EMSR-Aufgaben – kurz „Konventionelle Realisierung" genannt – ausgegangen wird.

(a) Durchflussregelung an einer Rohrleitung mit Anzeige der
Regelgröße in der Prozessleitwarte, konventionelle
Realisierung

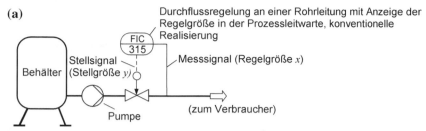

Legende zu a: **F**-Durchfluss (Erstbuchst.), **I**-Anzeige (1. Folgebuchst.), **C**-Regelung (2. Folgebuchst.)

(b) Füllstandsregelung in einem Behälter mit Anzeige der
Regelgröße in der Prozessleitwarte, konventionelle
Realisierung

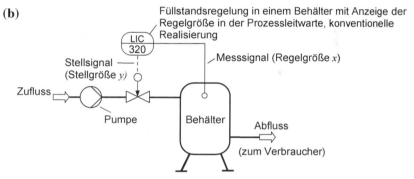

Legende zu b: **L**-Füllstand (Erstbuchst.), **I**-Anzeige (1. Folgebuchst.), **C**-Regelung (2. Folgebuchst.)

Abb. 3.8 Beispiele zur Darstellung von Regelkreisen im R&I-Fließschema

Die Funktionalität dieser Messstellen ist aus den jeweiligen Kennbuchstaben (vgl. Abb. 3.10) erkennbar. Das bedeutet im Einzelnen, dass EMSR-Stelle PI 305 eine Druckmessstelle ist: Erstbuchstabe[7]„P" (engl. pressure) steht für Druck sowie Folgebuchstabe „I" (engl. indication) für analoge Anzeige des gemessenen Drucks. Des Weiteren zeigt die waagerechte Linie im Symbol dieser EMSR-Stelle, dass sich die Verkabelung vom Feld (Sensor/Aktor vor Ort) bis in die

---

[7]Die im Folgenden verwendeten Bezeichnungen Erstbuchstabe, Ergänzungsbuchstabe und Folgebuchstabe resultieren aus der CodeTab. nach DIN19227 [6]. *Achtung:* Je nachdem, ob ein Buchstabe als Erstbuchstabe, Ergänzungs- oder Folgebuchstabe verwendet wird, kann der gleiche Buchstabe verschiedene Bedeutungen haben, z. B. Kennbuchstabe „L": Bei Verwendung als Erstbuchstabe steht „L" für die Messgröße „Füllstand" (engl. level), bei Verwendung als Folgebuchstabe steht „L" für unteren Grenzwert (engl. low)!

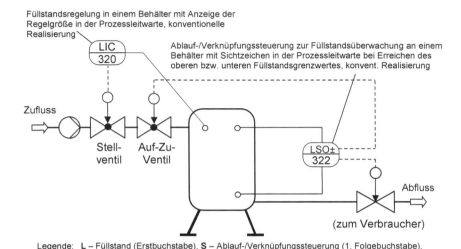

Füllstandsregelung in einem Behälter mit Anzeige der
Regelgröße in der Prozessleitwarte, konventionelle
Realisierung

LIC
320

Ablauf-/Verknüpfungssteuerung zur Füllstandsüberwachung an einem
Behälter mit Sichtzeichen in der Prozessleitwarte bei Erreichen des
oberen bzw. unteren Füllstandsgrenzwertes, konvent. Realisierung

Zufluss

Stell-
ventil

Auf-Zu-
Ventil

LSO±
322

Abfluss

(zum Verbraucher)

Legende: **L** – Füllstand (Erstbuchstabe), **S** – Ablauf-/Verknüpfungssteuerung (1. Folgebuchstabe),
          O – Sichtzeichen, **±** – oberer (High, +) bzw. unterer (Low, –) Grenzwert

Abb. 3.9 Beispiel zur Darstellung binärer Steuerungen im R&I-Fließschema

Prozessleitwarte (Anzeigegerät) erstreckt (vgl. Abb. 3.5). In EMSR-Stelle PDI
307 ist gleichfalls eine Druckmessung installiert, bei der aber im Unterschied zu
EMSR-Stelle PI 305 ein sogenannter Ergänzungsbuchstabe auftritt, in diesem
Fall „D" für Differenz (engl. difference), welcher folglich auf eine Differenzdruckmessung hinweist, und schließlich wird an dritter Stelle mit dem Folgebuchstaben „I" die analoge Anzeige gekennzeichnet. Ein weiterer Unterschied
zwischen EMSR-Stelle PI 305 und EMSR-Stelle PDI 307 besteht bezüglich der
waagerechten Linie im EMSR-Stellensymbol und verdeutlicht, dass PDI 307 eine
EMSR-Stelle mit örtlicher Bedienung und Beobachtung ist. Die zu PDI 307
gehörenden Mess- sowie konventionellen Bedien- und Beobachtungseinrichtungen sind also im Feld angeordnet. Für EMSR-Stelle LIAL 306 schließlich ist eine
Füllstandsmessung projektiert: Erstbuchstabe „L" (engl. level) steht für Füllstand,
erster Folgebuchstabe „I" für analoge Anzeige des Füllstandes, zweiter Folgebuchstabe „A" (engl. alarm) und dritter Folgebuchstabe L (engl. low) für Störungsmeldung bei Erreichen des unteren Füllstandsgrenzwertes. Es ist bereits
nach diesen Beispielen hervorzuheben, dass es eine Standardaufgabe des Projek-
tierungsingenieurs ist, für jede erforderliche EMSR-Stelle die richtigen Kennbuchstaben auszuwählen.

Tab. 1: Erstbuchstabe

D	Dichte
E	elektrische Größen
F	Durchfluss, Durchsatz
G	Abstand, Länge, Stellung, Dehnung, Amplitude
H	Handeingabe, Handeingriff
K	Zeit
L	Stand (auch von Trennschicht)
M	Feuchte
P	Druck
Q	Stoffeigenschaft, Qualitätsgrößen, Analyse (außer D, M, V)
R	Strahlungsgrößen
S	Geschwindigkeit, Drehzahl, Frequenz
T	Temperatur
U	zusammengesetzte Größen
V	Viskosität
W	Gewichtskraft, Masse
X	sonstige Größen

Tab. 2: Ergänzungsbuchst.

D	Differenz
F	Verhältnis
J	Messstellenabfrage
Q	Integral, Summe

Tab. 3: Folgebuchstabe

A	Störungsmeldung
C	Selbsttätige Regelung
E	Aufnehmerfunktion
I	Anzeige
O	Sichtzeichen, Ja/Nein-Anzeige (nicht Störungsmeldung)
R	Registrierung
S	Schaltung, Ablauf- oder Verknüpfungssteuerung
T	Messumformer-Funktion
U	Zusammengefasste Antriebsfunktionen
V	Stellgeräte-Funktion
Y	Rechenfunktion
Z	Noteingriff, Schutz durch Auslösung, Schutzeinrichtung, sicherheitsrelevante Meldung
H bzw. +	Oberer Grenzwert
L bzw. -	Unterer Grenzwert
/	Zwischenwert

Reihenfolge mehrerer Funktionen: I, R, C; daran anschließend ist Reihenfolge frei wählbar (verbreitet: S, O, Z, A).

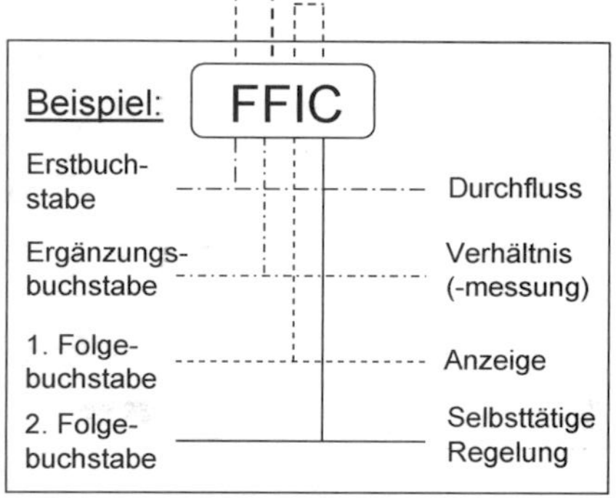

Beispiel: FFIC

Erstbuchstabe ⎯ Durchfluss
Ergänzungsbuchstabe ⎯ Verhältnis (-messung)
1. Folgebuchstabe ⎯ Anzeige
2. Folgebuchstabe ⎯ Selbsttätige Regelung

Abb. 3.10 Kennbuchstaben für die EMSR-Technik nach DIN 19227

Als weitere Beispiele werden EMSR-Stellen für einen Durchfluss- und einen Füllstandsregelkreis vorgestellt, wobei erneut von konventioneller Realisierung der EMSR-Aufgaben ausgegangen wird. Für beide EMSR-Stellen ist auch die im R&I-Fließschema übliche Kennzeichnung von Regelgröße x und Stellgröße y erkennbar, weil die Verbindung zwischen Messort und EMSR-Stellensymbol durch eine Voll- bzw. zwischen EMSR-Stellensymbol und Stellort durch eine strichlierte Linie dargestellt wird (vgl. Abb. 3.7).[8]

EMSR-Stelle FIC 315 (Abb. 3.8a) zeigt einen Durchflussregelkreis. Dabei wird die zu regelnde Prozessgröße „Durchfluss" (Regelgröße) mit dem Erstbuchstaben „F" (engl. flow) für Durchfluss/Durchsatz gekennzeichnet und der erste Folgebuchstabe „I" für die analoge Anzeige des momentanen Durchflusswertes verwendet. Der zweite Folgebuchstabe „C" (engl. control) kennzeichnet die Funktion des selbsttätigen Regelns. Die zweite EMSR-Stelle LIC 320 (Abb. 3.8b) repräsentiert einen Füllstandsregelkreis, wobei die zu regelnde Prozessgröße „Füllstand" durch den Erstbuchstaben „L" gekennzeichnet ist und der erste Folgebuchstabe „I" wieder die analoge Anzeige des momentanen Wertes der Regelgröße „Füllstand" sowie der zweite Folgebuchstabe „C" das selbsttätige Regeln kennzeichnet. Die in beiden EMSR-Stellen eingetragene waagerechte Linie zeigt, dass gemäß Abb. 3.3 Bedienung und Beobachtung in der Prozessleitwarte realisiert werden und sich daher die Verkabelung beider EMSR-Stellen von der Feldebene aus über den Schaltraum bis in die Prozessleitwarte erstreckt.

Ein weiteres Beispiel soll die Darstellung binärer Steuerungen im R&I-Fließschema erläutern, wobei auch hier wieder von konventioneller Realisierung der EMSR-Aufgaben ausgegangen wird. Im Abb. 3.9 wird gezeigt, wie neben der bereits bekannten EMSR-Stelle LIC 320 für die Füllstandsregelung mittels EMSR-Stelle LSO ± 322 eine (binäre) Steuerung im R&I-Fließschema dargestellt wird. Die Kennzeichnung dieser EMSR-Stelle beginnt mit dem Erstbuchstaben „L" entsprechend der zu steuernden Prozessgröße (hier Füllstand). Der erste Folgebuchstabe „S" kennzeichnet die Funktion der Ablauf-/Verknüpfungssteuerung. Mit dem zweiten Folgebuchstaben „O" wird ein Sichtzeichen im Sinne einer binären Anzeige für jeweils oberen („H" oder „+") bzw. unteren („L" oder „−") Grenzwert deklariert. Im Unterschied zu den EMSR-Stellen für Regelkreise oder Messstellen zeigt Abb. 3.9 anhand der EMSR-Stelle LSO ± 322 auch, dass mehrere Eingangssignale, zum Beispiel hier die Binärsignale der Sensoren für den oberen bzw. unteren Füllstandsgrenzwert, dem in dieser EMSR-Stelle

---

[8]Die Linienstärke für diese Voll- bzw. strichlierten Linien beträgt üblicherweise 50 % der Linienstärke für Rohrleitungen, Armaturen, Behälter, Maschinen und Apparate.

Verwendung der Kennbuchstabenkombination „EU"

EMSR-Stellen mit der Kennbuchstabenkombination „EU" charakterisieren nach DIN 19227 die sogenannte Motorstandardfunktion, die sich aus den Einzel-Funktionen

- Handschaltung (Kennbuchstabenkombination „HS ± "),
- Laufanzeige mit Sichtzeichen (EMSR-Stellenkennzeichnung „SOA-"),
- Anzeige des durch den Motor fließenden elektrischen Stroms (Kennbuchstabenkombination „EI")

zusammensetzt. Durch Zusammenfassung der genannten Einzelfunktionen zur Motorstandardfunktion wird einerseits das R&I-Fließschema übersichtlicher, andererseits bietet sich die Verwendung der Kennbuchstabenkombination „EU" in denjenigen Fällen an, bei denen der Elektromotor über einen in der Schaltanlage installierten Verbraucherabzweig versorgt wird,[9] womit die genannten Einzel-Funktionen in komfortabler Weise realisiert werden. Das EMSR-Stellensymbol, in welches die Kennbuchstabenkombination „EU" eingetragen ist, wird mit dem Symbol des Elektromotors durch eine *Volllinie* verbunden.

Des Weiteren verdeutlichen die in Abb. 3.6 bis Abb. 3.9 dargestellten Auszüge aus dem R&I-Fließschema der Gesamtanlage auch die unterschiedliche Nutzung der Stelltechnik, wobei Stelleinrichtungen mit pneumatischer Hilfsenergie und elektrischer Hilfsenergie betrachtet werden. Wie aus der eingetragenen Symbolik für diese Stelleinrichtungen ersichtlich wird, werden diese Stelleinrichtungen sowohl von Regelkreisen als auch von binären Steuerungen bedient. Dabei ist aus dem R&I-Fließschema eindeutig erkennbar, dass in Regelkreisen – bis auf Ausnahme des Zweipunkt- bzw. Dreipunktregelkreises – meistens analoge Stelleinrichtungen (z. B. analoge Ventilstelleinrichtungen) eingesetzt werden, während eine binäre Steuerung stets binäre Stelleinrichtungen (z. B. binäre Ventilstelleinrichtungen wie Auf-Zu-Ventilstelleinrichtungen) bedient. In diesem Zusammenhang spielt die sogenannte Vorzugsrichtung von Stellgeräten bei Ausfall der Hilfsenergieversorgung eine bedeutsame Rolle für die Anlagensicherheit, weil

---

[9]Verbraucherabzweige sind technische Einrichtungen, die alle zum Betrieb von Verbrauchern (z. B. Stellantriebe für Drosselstellglieder bzw. Arbeitsmaschinen) erforderlichen elektrischen Betriebsmittel – beginnend bei den Klemmen zum Anschluss an den Versorgungsstrang und endend an den Verbraucheranschlussklemmen – umfassen. Wesentliche elektrische Betriebsmittel eines Verbraucherabzweiges sind: Leitungsschutzschalter, Motorschutzrelais, Schütz (siehe hierzu Erläuterungen in [1]).

die Stellgeräte im Havariefall auch ohne Hilfsenergieversorgung selbsttätig einen sicheren Anlagenzustand herbeizuführen haben. Abb. 3.11 zeigt die in der Anlagenautomatisierung typischen Verhaltensweisen am Beispiel von Ventilstellgeräten, wobei die ersten beiden Symbole für Ventilstellgeräte mit pneumatischen Stellantrieben charakteristisch sind, welche bei Hilfsenergieausfall die Ventilstellgeräte öffnen oder schließen, während das dritte Symbol vorzugsweise auf Ventilstellgeräte mit elektrischen Stellantrieben zutrifft, welche im Unterschied zu pneumatischen Stellantrieben bei Hilfsenergieausfall in der jeweils erreichten Position verharren. Die Festlegung dieses Verhaltens ist für die Anlagensicherheit (Prozesssicherung) von ausschlaggebender Bedeutung und daher ein wesentlicher Projektierungsschritt, durch den bereits im R&I-Fließschema eindeutig festgelegt wird, welche Vorzugslage eine Stelleinrichtung einnimmt.

3.3   R&I-Fließschema nach DIN EN 62424

Das R&I-Fließschema nach DIN EN 62424 fußt wie das R&I-Fließschema nach DIN 19227, Teil 1 auf dem Verfahrensfließschema nach DIN EN ISO 10628 [3]. Daher gelten die Ausführungen aus Kap. 2 prinzipiell auch für das R&I-Fließschema

Symbol	Bedeutung im R&I-Fließschema
	Ventilstellgerät, bei Hilfsenergieausfall *schließend* (Def. nach DIN 2429), d. h. es wird die Stellung für minimalen Massestrom oder Energiefluss eingenommen (Erläuterung nach DIN 19227)
	Ventilstellgerät, bei Hilfsenergieausfall *öffnend* (Def. nach DIN 2429), d. h. es wird die Stellung für maximalen Massestrom oder Energiefluss eingenommen (Erläuterung nach DIN 19227)
	Ventilstellgerät, bei Hilfsenergieausfall in der zuletzt eingenommenen Stellung *verharrend* (Erläuterung nach DIN 19227)

Abb. 3.11 Typisches Verhalten von Stelleinrichtungen bei Hilfsenergieausfall am Beispiel von Ventilstellgeräten. (Neben den im Abb. 3.11 dargestellten Symbolen sind in DIN 19227 [6] weitere Symbole für das Verhalten von Stelleinrichtungen bei Hilfsenergieausfall definiert, d. h. Abb. 3.11 enthält nur die typischen und daher häufig verwendeten Symbole.)

nach DIN EN 62424, wobei jedoch zu beachten ist, dass z. B. bei Armaturen auf die Darstellung von Funktionsdetails (z. B. Ausführung einer Armatur als Ventil, Schieber, Klappe, Hahn) mit den Symbolen nach DIN EN ISO 10628 verzichtet werden muss, da dies im CAEX-Modell nicht vorgesehen ist [7]. Solche Details müssen in der PCE-Datenbank, in der die instrumentierungstechnische Auslegung gespeichert ist, hinterlegt werden [7].[10, 11] Ferner ist die Darstellung des Verhaltens von Stelleinrichtungen ebenfalls nicht vorgesehen.

Wesentliche Änderungen im Vergleich zu DIN 19227, Teil 1 ergeben sich darüber hinaus hauptsächlich bei

- Kennzeichnung und Darstellung von PCE-Aufgaben,[12]
- Kennzeichnung und Darstellung von PCE-Leitfunktionen,[13]
- Darstellung von Wirkungslinien,
- Kennbuchstaben.

Im R&I-Fließschema nach DIN EN 62424 werden zur Darstellung von Aufgaben der Prozessleittechnik wie im R&I-Fließschema nach DIN 19227, Teil 1 ebenfalls Symbole benutzt. Hierbei wird in Symbole zur Darstellung von

- PCE-Aufgaben (Abb. 3.12) sowie
- PCE-Leitfunktionen (Abb. 3.13) unterschieden.

Zunächst wird das Grundsymbol zur Darstellung von PCE-Aufgaben erläutert und anschließend auf das Grundsymbol zur Darstellung von PCE-Leitfunktionen eingegangen.

Erläuterung des Grundsymbols zur Darstellung von PCE-Aufgaben

Im oberen Teil des Grundsymbols werden mit Kennbuchstaben, auf die später noch eingegangen wird, PCE-Kategorie und -Verarbeitungsfunktion angegeben. Der untere Teil „PCE-Kennzeichnung" enthält identifizierende Bezeichnungen,

---

[10]Vgl. hierzu auch Fußnote 19!

[11]Dies gilt nicht für Stellantriebe, die im R&I-Fließschema nach wie vor näher spezifiziert werden können. DIN EN 62424 lässt jedoch offen, wie Stellantriebe allgemein im R&I-Fließschema dargestellt werden, wenn Stelleinrichtungen noch nicht spezifiziert sind bzw. wie elektromotorische Stellantriebe von Ventilstellgeräten darzustellen sind (hierzu Hinweis in Fußnote 30 beachten).

[12]entspricht Darstellung von EMSR-Aufgaben nach DIN 19227, Teil 1.

[13]war nach DIN 19227, Teil 1 Bestandteil der Darstellung von EMSR-Aufgaben, d. h. wurde bisher nicht als *separat* darzustellende EMSR-Aufgabe betrachtet.

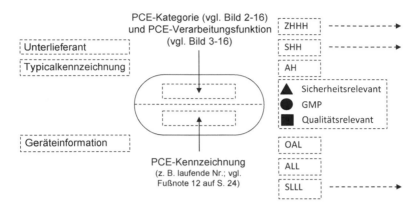

Abb. 3.12 Grundsymbol zur Darstellung von PCE-Aufgaben nach DIN EN 62424

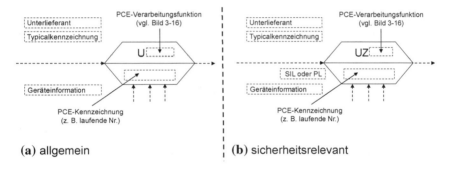

(a) allgemein   (b) sicherheitsrelevant

Abb. 3.13 Grundsymbole zur Darstellung von PCE-Leitfunktionen nach DIN EN 62424

wofür meist laufende Nummern entsprechend der Nomenklatur einer Projek-tierungsfirma verwendet werden (vgl. Fußnote 12). Aus der äußeren Form des Grundsymbols ist der Ort der Bedienoberfläche ersichtlich (vgl. Abb. 3.14).

Vergleicht man Abb. 3.3 und 3.14 miteinander, wird ersichtlich, dass aus der äußeren Form des Grundsymbols nach DIN EN 62424 nicht mehr hervorgeht, ob die PCE-Aufgaben konventionell, mit SPS-Technik oder Prozessleitsystemen rea-lisiert werden (vgl. Abb. 3.15). Das liegt daran, dass sich nach DIN EN 62424 das R&I-Fließschema auf die Darstellung von PCE-Aufgaben, jedoch nicht mehr auf die Darstellung der PCE-Realisierung konzentriert, weil letzteres – dem in

Abb. 3.14 Bedeutung der Form des Grundsymbols für PCE-Aufgaben

Bedienung und Beobachtung (B&B)	Bedienung und Beobachtung (B&B)	Bedienung und Beobachtung (B&B)
lokal (örtlich)	*im lokalen Schaltpult*	*im zentralen Leitstand*

Abschn. 3.1 erläuterten Anspruch von DIN EN 62424 folgend – in PCE-Datenbanken abgebildet werden soll. Demzufolge symbolisiert eine im R&I-Fließschema dargestellte Pumpe nach [7] nicht das Betriebsmittel „Pumpe", sondern die Aufgabe. Dies ist zwar zweifellos konsequent, aber aus Anwendersicht sicher gewöhnungsbedürftig.

Auf der rechten Seite des Grundsymbols nach Abb. 3.12 sind insgesamt sieben Datenfelder vorgesehen, deren Bedeutung nun erklärt wird. Die ersten drei Datenfelder rechts oberhalb sowie die letzten drei Datenfelder rechts unterhalb des Grundsymbols dienen der Darstellung von Alarmierung, Schaltung sowie Anzeige mit bestimmten Kennbuchstaben, auf die noch eingegangen wird (siehe Abb. 3.16). Das rechts in der Mitte befindliche vierte Datenfeld qualifiziert die jeweils mit dem Grundsymbol dargestellte Aufgabe durch Dreieck, Kreis sowie Viereck als

- sicherheitsrelevant,[14]
- GMP-relevant,[15]
- qualitätsrelevant.

Enthalten die ersten drei Datenfelder rechts oberhalb sowie die letzten drei Datenfelder rechts unterhalb des Grundsymbols den Kennbuchstaben „Z" (binäre Steuerungs- oder Schaltfunktion, sicherheitsrelevant) oder „S" (binäre Steuerungs- oder Schaltfunktion, nicht sicherheitsrelevant), führt von den betreffenden Datenfeldern

---

[14]Die Sicherheitsfunktion soll durch SIL (Safety Integrity Level; Sicherheitsintegritäts-Level nach IEC 61511-1) oder PL (Performance Level nach ISO 13849-1) kategorisiert werden.

[15]GMP: Good Manufacturing Practice (Richtlinien qualitätsgerechter Produktion) [7].

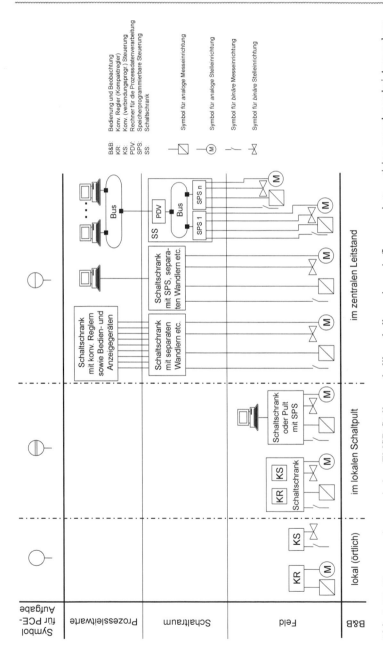

Abb. 3.15 Zusammenhang zwischen EMSR-Stellensymbolik und allgemeinem Aufbau von Automatisierungsanlagen bei Anwendung von DIN EN 62424

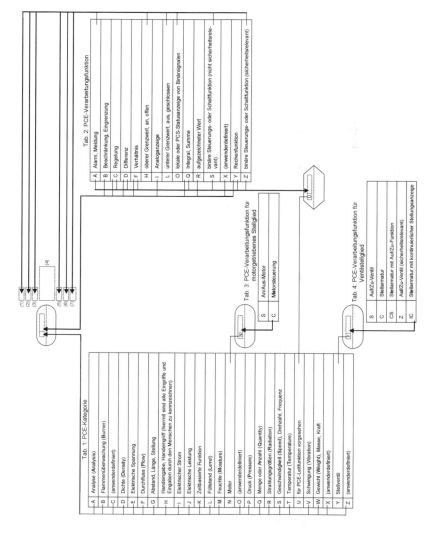

Abb. 3.16 Kennbuchstaben für PCE-Kategorien und -verarbeitungsfunktionen

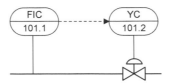

Abb. 3.17 Zusammenwirken von PCE-Aufgaben am Beispiel eines Durchflussregelkreises (nach [7])

ein strichliert dargestellter Pfeil zu einer PCE-Leitfunktion (vgl. z. B. Abb. 3.23) oder einem Stellgerät (mit elektromotorischem Stellantrieb betätigtes Stellglied oder nicht mit elektromotorischem Stellantrieb betätigtes Stellventil, jeweils mit einem Grundsymbol zur Darstellung von PCE-Aufgaben verbunden; als Kennbuchstaben für die PCE-Kategorie werden im Grundsymbol zur Darstellung von PCE-Aufgaben in diesen Fall „N" für Motor und „Y" für Stellventil verwendet.

Ergänzt wird das Grundymbol auf der linken Seite durch Datenfelder, in denen Zusatzinformationen platziert werden können. Folgende Datenfelder sind vorgesehen (vgl. Abb. 3.12):

- Unterlieferant (z. B. einer bestimmten Messeinrichtung),[16]
- Typicalkennzeichnung (ermöglicht die Zuordnung eines projektspezifischen Typicals zur PCE-Aufgabe, das gewissermaßen als „Schablone" für die projektweit einheitliche Realisierung dieser PCE-Aufgabe dient),
- Geräteinformation (z. B. Qualifizierung einer Messung als pH-Wert-Messung).

Das Grundsymbol ist durch Volllinien jeweils mit Mess- und/oder Stellort verbunden (vgl. z. B. Abb. 3.17).

Erläuterung des Grundsymbols zur Darstellung von PCE-Leitfunktionen

Mess- und Stelleinrichtungen implizieren PCE-Aufgaben, die mit Grundsymbolen nach Abb. 3.12 dargestellt werden. Das Bindeglied zwischen diesen PCE-Aufgaben ist die PCE-Leitfunktion, die ebenfalls mit entsprechenden Grundsymbolen dargestellt wird (vgl. Abb. 3.13). Bei einfachen Konfigurationen – z. B. Durchflussregelkreis mit Ventilstellglied, das mit einem Membranstellantrieb betätigt wird (vgl. Abb. 3.17) – kann nach [7] die PCE-Leitfunktion weggelassen werden.

---

[16]Nach DIN EN 62424 kann dieses Feld, falls es nicht für Informationen zu einem Unterlieferanten genutzt wird, zur Darstellung anderer projektspezifischer Angaben genutzt werden.

Das Grundsymbol zur Darstellung von PCE-Leitfunktionen nach Abb. 3.13 ist grundsätzlich ein Sechseck mit einbeschriebener waagerechter Linie. Man unterscheidet zwischen dem allgemeinen Grundsymbol (Abb. 3.13a) und dem Grundsymbol zur Darstellung sicherheitsrelevanter PCE-Leitfunktionen (Abb. 3.13b).[17] Beide Grundsymbole unterscheiden sich lediglich darin, dass im Grundsymbol zur Darstellung sicherheitsrelevanter PCE-Leitfunktionen ein Datenfeld zusätzlich vorgesehen ist.

Im oberen Teil beider Grundsymbole werden mit Kennbuchstaben, auf die später noch eingegangen wird (siehe Abb. 3.16), PCE-Kategorie und -Verarbeitungsfunktion angegeben. Der untere Teil „PCE-Kennzeichnung" enthält identifizierende Bezeichnungen, wofür meist laufende Nummern entsprechend der Nomenklatur einer Projektierungsfirma verwendet werden (vgl. Fußnote 12).

Ergänzt werden beide Grundymbole auf der linken Seite durch die gleichen Datenfelder, welche auch am Grundsymbol zur Darstellung von PCE-Aufgaben nach Abb. 3.12 vorgesehen sind. Eine Ausnahme bildet dabei das Datenfeld „Geräteinformation", mit dem die Sicherheitsfunktion qualifiziert werden kann (hierzu Hinweis in Fußnote 23 beachten). Andere wichtige Informationen, z. B. eine 2003-Konfiguration, können nach [7] – soweit erforderlich und sinnvoll – hinzugefügt werden.

Die strichlierten Pfeile beginnen – wie bereits erläutert – an denjenigen Datenfeldern des Grundsymbols zur Darstellung von PCE-Aufgaben, die sich rechts oberhalb bzw. rechts unterhalb des Grundsymbols befinden, wenn diese den Kennbuchstaben „Z" (binäre Steuerungs- oder Schaltfunktion, sicherheitsrelevant) oder „S" (binäre Steuerungs- oder Schaltfunktion, nicht sicherheitsrelevant) enthalten (vgl. Abb. 3.12), oder am Grundsymbol zur Darstellung von PCE-Aufgaben selbst (vgl. z. B. Abb. 3.23), und enden in Grundsymbolen für PCE-Leitfunktionen (vgl. z. B. Abb. 3.24).

Am Grundsymbol zur Darstellung der PCE-Leitfunktionen beginnende strichlierte Pfeile führen zu einem Stellgerät (z. B. mit elektromotorischem Stellantrieb betätigtes Stellglied oder nicht mit elektromotorischem Stellantrieb betätigtes Stellventil, jeweils mit einem Grundsymbol zur Darstellung von PCE-Aufgaben verbunden; als Kennbuchstaben für die PCE-Kategorie werden im Grundsymbol

---

[17]Falls eine PCE-Leitfunktion „US" teilweise die Bedeutung einer PCE-Leitfunktion „UZ" hat, ist nach [7] der Kennbuchstabe „U" aus der Tab. der PCE-Kategorien (vgl. Abb. 3.16) mit den Kennbuchstaben „S" *und* „Z" aus der Tab. der PCE-Verarbeitungsfunktionen (vgl. Abb. 3.16) zu kombinieren, d. h. die Kombination der Kennbuchstaben lautet in diesem Fall „USZ".

zur Darstellung von PCE-Aufgaben in diesen Fall „N" für Motor bzw. „Y" für Stellventil verwendet).

Kennbuchstaben für PCE-Kategorien und –verarbeitungsfunktionen
Die anzuwendenden Kennbuchstaben gehen aus Abb. 3.16 hervor. Wesentliche Änderungen im Vergleich zu DIN 19227, Teil 1 ergeben sich hauptsächlich bei Kennbuchstaben nach Abb. 3.10:

- Im Vergleich zu Abb. 3.10, Tab. 1 werden folgende Kennbuchstaben neu oder mit geänderter Bedeutung eingeführt:
  – **A** für Analysen (D für Dichte und M für Feuchte entfallen → Zuordnung zu Q),
  – **N** für Stelleingriff durch motorgetriebene[18] Stellglieder,
  – **U** für PCE-Leitfunktion,
  – **V** für Vibration (nicht mehr Viskose → Zuordnung zu Q) sowie
  – **Y** für Stelleingriff durch Drosselstellglied.
- Tab. 2 und 3 aus Abb. 3.10 werden zu einer einzigen Tabelle zusammengefasst, wobei in dieser Tabelle die bisher in Tab. 3 enthaltenen Kennbuchstaben E, J, T, U sowie V ersatzlos entfallen und zusätzlich der Kennbuchstabe **B** für Beschränkung eingeführt wird.

Bei Anwendung der Kennbuchstaben gemäß Abb. 3.16 sind folgende Hinweise zu beachten:

- Hinweise zu Abb. 3.16, Tab. 1:
  – PCE-Kategorie „N" – gefolgt von weiteren Kennbuchstaben für PCE-Verarbeitungsfunktionen gemäß Abb. 3.16, Tab. 3 – ist für motorgegetriebene[18] Stellglieder zu verwenden,
  – PCE-Kategorie „Y" – gefolgt von weiteren Kennbuchstaben für PCE-Verarbeitungsfunktionen gemäß Abb. 3.16, Tab. 4 – ist für *nicht motogetriebene* Ventilstellglieder zu verwenden (d. h. für motorgetriebene Ventilstellglieder ist PCE-Kategorie „N" zu verwenden – vgl. Abb. 3.27),
  – PCE-Kategorie „X" deckt nicht aufgelistete Bedeutungen ab, die nur einmal oder begrenzt benutzt werden, und darf eine beliebige Anzahl von Bedeutungen als PCE-Kategorie sowie eine beliebige Anzahl von Bedeutungen als PCE-Verarbeitungsunktion annehmen.

---

[18]DIN EN 62424 verwendet hier den Begriff „motorgesteuert". Nach Meinung der Autoren wird das Stellglied aber nicht vom Motor gesteuert, sondern angetrieben.

- Hinweise zu Abb. 3.16, Tab. 2:
  - Die für die Darstellung von Schaltfunktionen bestimmten und mit den Kennbuchstaben „O", „A", „S", „Z", „H" oder „L" gekennzeichneten PCE-Verarbeitungsfunktionen dürfen im Grundsymbol zur Darstellung von PCE-Aufgaben (Abb. 3.16) nur in den Datenfeldern (1) bis (3) sowie (5) bis (7) – also außerhalb des Ovals – angewendet werden (vgl. Abb. 3.16). Gemäß [7] ist dabei folgende Reihenfolge zwingend einzuhalten: Kennbuchstabe „O", „A", „S" oder „Z", jeweils gefolgt von Kennbuchstabe „H" und/oder „L".
  - Gemäß [7] ist für die mit den Kennbuchstaben „C", „D", „F" oder „Y" gekennzeichneten PCE-Verarbeitungsfunktionen, sofern sie gemeinsam verwendet werden sollen, folgende Reihenfolge zwingend einzuhalten: Kennbuchstabe „F", „D", „Y", „C", jeweils gefolgt von einer der mit den Kennbuchstaben „B", „Q" sowie „X" gekennzeichneten PCE-Verarbeitungsfunktionen (in genannter Reihenfolge).
  - Die mit den Kennbuchstaben „I" bzw. „R" gekennzeichneten PCE-Verarbeitungsfunktionen beziehen sich auf das Ergebnis der vorangestellten Verarbeitungsfunktion [7]. Beispielsweise bedeutet FQIR Anzeige und Registrierung einer Durchflussmenge, FIQR jedoch Durchflussanzeige sowie Registrierung der Durchflussmenge.
  - Die Kennzeichnung der PCE-Leitfunktion beginnt prinzipiell mit PCE-Kategorie „U", gefolgt von einer oder mehreren mit den Kennbuchstaben „A", „C", „D", „F", „Q", „S", „Y" oder „Z" gekennzeichneten PCE-Verarbeitungsfunktionen.
  - Für sicherheitsrelevante PCE-Leitfunktionen ist PCE-Kategorie „U" mit der PCE-Verarbeitungsfunktion „Z" zu kombinieren, gefolgt von einer oder mehreren mit den Kennbuchstaben „A", „C", „D", „F", „Q", „S", „Y" oder „Z" gekennzeichneten PCE-Verarbeitungsfunktionen.
  - Hat eine PCE-Leitfunktion „US" teilweise die Bedeutung einer PCE-Leitfunktion „UZ", ist PCE-Kategorie „U" mit den PCE-Verarbeitungs-funktionen „S" und „Z", gefolgt von einer oder mehreren mit den Kennbuchstaben „A", „C", „D", „F", „Q", oder „Y" gekennzeichneten PCE-Verarbeitungsfunktionen, zu kombinieren.
  - Im Vergleich zu DIN 19227 dürfen die Kennbuchstaben „H" bzw. „L" nicht mehr durch „+" bzw. „–" ersetzt werden.
  - PCE-Kategorie „X" deckt nicht aufgelistete Bedeutungen ab, die nur einmal oder begrenzt benutzt werden, und darf eine beliebige Anzahl von Bedeutungen als PCE-Kategorie sowie eine beliebige Anzahl von Bedeutungen als PCE-Verarbeitungsfunktion annehmen.

Abb. 3.18 Darstellung der
Beispiele aus Abb. 3.6 nach
DIN EN 62424

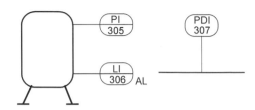

Analog zu Abb. 3.7 zeigt Abb. 3.17 das Zusammenwirken verschiedener PCE-Aufgaben am Beispiel eines Durchflussregelkreises mit Ventilstellglied, das mit Membranstellantrieb angetrieben wird.

Wie bereits ausgeführt und in Abb. 3.17 gezeigt, werden die Wirkungslinien zwischen Messort und Grundsymbol zur Darstellung von PCE-Aufgaben sowie zwischen Stellort (ggf. mit dort eingebautem Stellgerät) mit Volllinien dargestellt. Zur Darstellung der Wirkungslinien zwischen PCE-Aufgaben bzw. zwischen PCE-Aufgaben und PCE-Leitfunktionen werden strichlierte Linien verwendet. Das bisher nach DIN 19227 verwendbare kreisförmige Symbol zur hervorgehobenen Darstellung des Messortes (vgl. Abb. 3.7) entfällt.

Im Abb. 3.18, 3.19, 3.20 und 3.21 sind weitere Beispiele zur Anwendung dargestellt und ermöglichen den Vergleich zwischen Darstellung nach DIN 19227 und Darstellung nach DIN EN 62424. Als wesentlicher Unterschied fällt dabei auf, dass im R&I-Fließschema nach DIN EN 62424 das Verhalten von Stelleinrichtungen bei Hilfsenergieausfall nicht mehr mit dargestellt wird.[19, 20] Nach Meinung der Autoren wird das R&I-Fließschema dadurch einer seiner wichtigsten Informationen beraubt und daher empfohlen, Festlegungen für die Darstellung des Verhaltens von Stelleinrichtungen bei Hilfsenergieausfall nach DIN 19227 – wie exemplarisch im Abb. 3.19 bzw. Abb. 3.20 gezeigt – auf das R&I-Fließschema nach DIN EN 62424 zu übertragen, obwohl DIN EN 62424 dies bisher nicht vorsieht. Ferner enthält DIN EN 62424 keinerlei Hinweis darauf, Stellantriebe für z. B. Absperrarmaturen nach DIN 2429 [4] darstellen zu können, wonach Stellantriebe für Absperrarmaturen

---

[19]Wie bereits im Abschn 3.2 erläutert, ist ferner als Unterschied zu beachten, dass beispielsweise bei Armaturen auf die Darstellung von Funktionsdetails (z. B. Ausführung einer Armatur als Ventil, Schieber, Klappe, Hahn) mit den Symbolen nach DIN EN ISO 10628 verzichtet werden muss, da dies im CAEX-Modell nicht vorgesehen ist [7]. Solche Details müssen in der PCE-Datenbank, in der die instrumentierungstechnische Auslegung gespeichert ist, hinterlegt werden [7].

[20]Bezüglich Darstellung von Stellantrieben im R&I-Fließschema Hinweis in Fußnote 20 beachten!

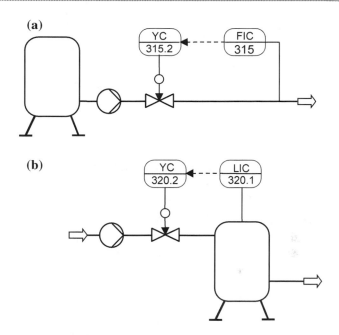

Abb. 3.19 Darstellung der Beispiele aus Abb. 3.8 nach DIN EN 62424

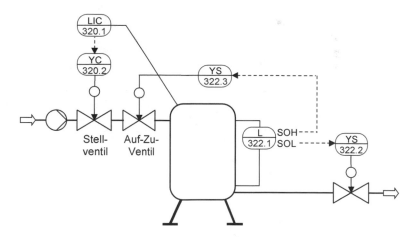

Abb. 3.20 Darstellung der Beispiele aus Abb. 3.9 nach DIN EN 62424

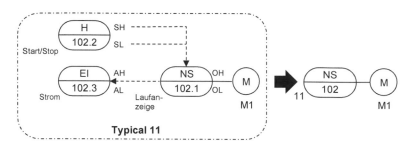

Abb. 3.21 Darstellung der Motorstandardfunktion nach DIN EN 62424 ([7])

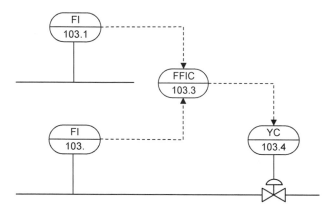

Abb. 3.22 Durchflussverhältnisregelung in einem Rohrleitungssystem mit Anzeige der Durchflüsse und des Durchflussverhältnisses im zentralen Leitstand (nach [7])

auch allgemein dargestellt werden können (vgl. Abb. 2.3). Es wird auch hier empfohlen, Festlegungen für die Darstellung von Stellantrieben nach DIN 2429 [4] auf das R&I-Fließschema nach DIN EN 62424 zu übertragen, obwohl DIN EN 62424 auch dies bisher nicht ausdrücklich vorsieht.

In Abb. 3.22, 3.23, 3.24, 3.25, 3.26, 3.27 und 3.28 sind weitere Beispiele aus DIN EN 62424 zur Veranschaulichung dargestellt.

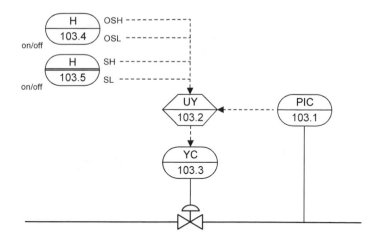

Abb. 3.23 Druckregelung an einer Rohrleitung mit Anzeige sowie Tief- und Hoch-Alarm in einem zentralen Leitstand und zusätzlichen Handstellern für Öffnen/Schließen des Ventilstellgeräts in einem zentralen Leitstand (dort auch mit Sichtzeichen für Auf/Zu) sowie lokalen Schaltpult (nach [7])

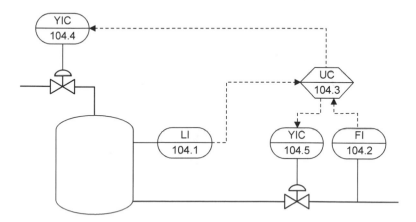

Abb. 3.24 Mehrgrößenregler (nach [7]) in einer Füllstands-/Abflussregelung

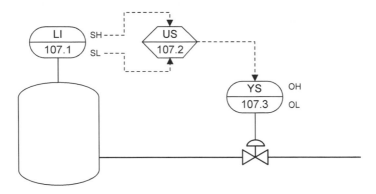

Abb. 3.25 Zweipunktfüllstandsregelung an einem Behälter mit Auf/Zu-Ventil, dessen Endlagen im zentralen Leitstand mit Sichtzeichen angezeigt werden (nach [7])

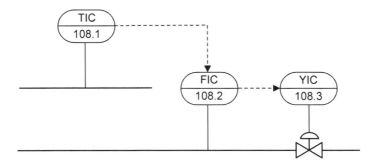

Abb. 3.26 Kaskadenregelung an einer Rohrleitung mit einem Temperaturregler als Führungsregler einer unterlagerten Durchflussregelung und Stellarmatur mit kontinuierlicher Stellungsanzeige im zentralen Leitstand (nach [7])

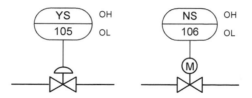

Abb. 3.27 Steuerung von Auf/Zu-Ventilen in Rohrleitungen mit Endlagenanzeigen im zentralen Leitstand (nach [7])[21]

Abb. 3.28 Split-Range-
Druckregelung an einem
Behälter mit Stellarmaturen,
deren Stellungen im
zentralen Leitstand
kontinuierlich angezeigt
werden (zur Vereinfachung
kann das Symbol für die
PCE-Leitfunktion UC 104.2
auch entfallen)

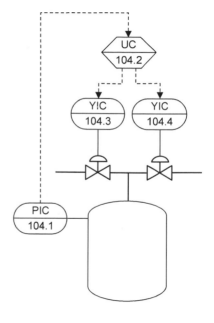

---

[21]Wie bereits weiter oben ausgeführt, enthält DIN EN 62424 keinerlei konkrete Beispiele oder Hinweise zur Darstellung von Ventilstellgeräten, die elektromotorisch angetrieben werden. Daher wurde auf die aus DIN 19227 sowie DIN 2429 bekannte und bewährte Darstellungsweise zurückgegriffen (vgl. hierzu auch Abb. 2.3).

Fazit

4

Im vorliegenden Essential wird die Ablösung von DIN 19227-Teil 1 durch DIN EN 62424 als neue Normgrundlage für die Realisierung von Automatisierungsprojekten behandelt. Generell schätzen die Autoren dazu ein, dass die Nutzung der neuen Norm für den langjährig berufstätigen Projektierungsingenieur aber vor allem auch für Neueinsteiger durchaus gewöhnungsbedürftig ist.

Die Autoren empfehlen dem Leser daher, sich vor Anwendung von DIN EN 62424 zunächst ein Basiswissen aus [1] in Verbindung mit [6] bzw. aus Kap. 1, 2 und 3 (Abschn. 3.1 und 3.2) des vorliegenden Essentials anzueignen, um sich erst danach DIN EN 62424 zuzuwenden. In Abweichung zu DIN 19227, Teil 1 werden EMSR-Stellen in DIN EN 62424 als EMSR-Aufgaben aufgefasst, in PCE-Aufgaben sowie PCE-Leitfunktionen dargestellt und in der sogenannten CAEX-Datenbank akkumuliert. Betrachtet man dazu die in [7] vorgestellte Strukturvorstellung zum Transfer der PCE- Aufgaben/PCE-Leitfunktionen in die CAEX-Datenbank, so wird erkennbar, dass eine erhebliche Unterstützung durch in DIN EN 62424 noch nicht spezifizierte Software erforderlich ist, deren Existenz bzw. Handhabungsaufwand dort ebenfalls nicht vollständig[1] dokumentiert ist. Außerdem können bei Entwicklung des R&I-Fließschemas nach DIN EN 62424 ferner Mängel durch Unschärfen wenn nicht sogar Inkonsistenzen auftreten, die sich aus DIN EN 62424 heraus nicht beheben lassen. Dies betrifft im Einzelnen:

---

[1]„Nicht vollständig" weist daraufhin, dass in [7] keine Aussagen zur softwarebasierten Umsetzung des R&I-Fließschemas in die CAEX-Datenbank enthalten sind.

© Springer Fachmedien Wiesbaden 2016
T. Bindel und D. Hofmann, *R&I-Fließschema,* essentials,
DOI 10.1007/978-3-658-15559-9_4

- Abkehr von der allgemeinen Darstellung des Stellortes, d. h. DIN EN 62424 lässt offen, wie der Stellort dargestellt wird, wenn die Stelleinrichtung noch nicht spezifiziert ist,
- Abkehr von der allgemeinen Darstellung des Stellantriebs, d. h. DIN EN 62424 lässt offen, wie man allgemein Stellantriebe im R&I-Fließschema darstellt, wenn in selbigem noch keine Spezifizierung möglich ist,
- DIN EN 62424 lässt offen, wie der Stellantrieb dargestellt wird, wenn das Stellglied durch z. B. einen Elektromotor angetrieben wird,
- DIN EN 62424 lässt offen, ob bei einer *elektromotorisch* angetriebenen *Stell*armatur mit kontinuierlicher Stellungsanzeige die Kennbuchstabenkombination „NIC" zulässig ist (in [7] müsste die entsprechende Tabelle, wie sie im Abb. 3.16 in Tab. 3 dargestellt ist, entsprechend ergänzt werden), wie sie im Abb. 3.16 in Tab. 3 dargestellt ist, entsprechend ergänzt werden),
- Verhalten von Stelleinrichtungen bei Hilfsenergieausfall wird in DIN EN 62424 nicht mehr dargestellt,
- Buchstabenkombination „YSZ" (vgl. [7], S. 118, Bild B.31) wird in der in [7] enthaltenen Tabelle für die Stelleinrichtungen (vgl. [7], S. 22, Tab. 5) nicht erklärt, wobei aus Sicht der Autoren die Kennbuchstabenkombination „SZ" in Verbindung mit dem Kennbuchstaben „Y" kaum zulässig sein dürfte ([7] enthält keine diesbezüglichen Erläuterungen),
- Für den Begriff „Fließschema" (vgl. DIN EN ISO 10628) wird in DIN EN 62424 der Begriff „Fließbild" verwendet, d. h. es werden für die gleiche Sache unterschiedliche Begriffe in aufeinander aufbauenden Normen verwendet,
- DIN EN 62424 enthält keinerlei Hinweise darauf, dass zur grafischen Darstellung des Betriebsmittels „Ventil" einschließlich weiterer Funktionsdetails (z. B. Art der Armatur) Symbole nach DIN EN ISO 10628 verwendet werden können (somit ist im R&I-Fließschema künftig keine Unterscheidung zwischen den Armaturarten „Ventil", „Schieber", „Klappe" sowie „Hahn" mehr möglich – diese Details sind nach [7] in der CAEX-Datenbank zu hinterlegen),
- Aus dem R&I-Fließschema geht künftig die Art der Realisierung der Aufgaben der Prozessleittechnik, wie das bisher in DIN 19227 möglich war, nicht mehr hervor. Auch diese Details sind nach [7] in der CAEX-Datenbank zu hinterlegen.

Inwiefern diese Kritikpunkte durch die seit 2014 stattfindende Überarbeitung von DIN EN 62424 beseitigt werden, bleibt abzuwarten.

Zusammenfassend ist also festzustellen, dass ein nach DIN EN 62424 entwickeltes R&I-Fließschema bei Vorhandensein geeigneter Software mit der CAEX-Datenbank koppelbar ist und damit das Projektieren einer Automatisierungsanlage durchaus befördert werden kann. Diesem Anspruch folgend, müssen konsequenterweise auch die weiteren Projektierungsleistungen (Detailenginee-ring) mittels eines entsprechenden CAE-Softwarewerkzeuges unterstützt werden, welches die XML-Dateien aus der CAEX-Datenbank aufnimmt und entspre-chend verarbeitet. Bisher ist diese Durchgängigkeit nach Meinung der Autoren kaum zufriedenstellend gegeben. Insofern bleibt abzuwarten, wie sich ohne die erwähnte konsequente Softwareunterstützung der auch durch das Anwender-verhalten maßgeblich beeinflusste Übergang von DIN 19227 zu DIN EN 62424 gestaltet.

Was Sie aus diesem *essential* mitnehmen können

- Kenntnisse, Fähigkeiten und Fertigkeiten zu Aufbau und Anwendung des Verfahrensfließschemas nach DIN EN 10628
- Kenntnisse, Fähigkeiten und Fertigkeiten zu Aufbau und Anwendung des R&I-Fließschemas nach DIN 19227, Teil 1 bzw. des R&I-Fließbildes nach DIN EN 62424
- Kenntnisse bezüglich des Vergleichs zwischen R&I-Fließschema nach DIN 19227, Teil 1 und R&I-Fließbild nach DIN EN 62424

© Springer Fachmedien Wiesbaden 2016

T. Bindel und D. Hofmann, *R&I-Fließschema,* essentials,

DOI 10.1007/978-3-658-15559-9

Literatur

1. Bindel, T., & Hofmann, D. (2016). *Projektierung von Automatisierungsanlagen* (3. Aufl.). Wiesbaden: Springer Vieweg.
2. VDI/VDE 3694. (2014). *Lastenheft/Pflichtenheft für den Einsatz von Automatisierungssystemen.* Berlin: Beuth.
3. DIN EN ISO 10628. (2001). *Fließbilder verfahrenstechnischer Anlagen.* Berlin: Beuth.
4. DIN 2429. (1995). *Graphische Symbole für technische Zeichnungen; Rohrleitungen.* Berlin: Beuth.
5. DIN 28004-4. (1988). *Fließbilder verfahrenstechnischer Anlagen: Kurzzeichen.* Berlin: Beuth.
6. DIN 19227. (1993). *Graphische Symbole und Kennbuchstaben für die Prozeßleittechnik.* Berlin: Beuth.
7. DIN EN 62424. (2010). *Darstellung von Aufgaben der Prozessleittechnik – Fließbilder und Datenaustausch zwischen EDV-Werkzeugen zur Fließbilderstellung und CAE-Systemen.* Berlin: Beuth.
8. Samal, E., & Becker, W. (1996). *Grundriss der praktischen Regelungstechnik.* München: Oldenbourg.

© Springer Fachmedien Wiesbaden 2016
T. Bindel und D. Hofmann, *R&I-Fließschema,* essentials,
DOI 10.1007/978-3-658-15559-9

Printed in the United States
By Bookmasters